HYDROPONICS
FLOWER

一花一器
水培植物

艺美生活 编著

中国轻工业出版社

图书在版编目（CIP）数据

一花一器:水培植物 / 艺美生活编著. —北京:
中国轻工业出版社，2018.7
ISBN 978-7-5184-1869-5

Ⅰ. ①一… Ⅱ. ①艺… Ⅲ. ①观赏植物－水培 Ⅳ.
①S680.4

中国版本图书馆CIP数据核字(2018)第033316号

责任编辑：侯满茹
策划编辑：翟　燕　　责任终审：劳国强　　封面设计：伍毓泉
版式设计：安雪梅　　责任校对：吴大鹏　　责任监印：张京华

出版发行：中国轻工业出版社（北京东长安街6号，邮编：100740）
印　　刷：北京博海升彩色印刷有限公司
经　　销：各地新华书店
版　　次：2018年7月第1版第1次印刷
开　　本：720×1000　　1/16　　印张：9
字　　数：180千字
书　　号：ISBN 978-7-5184-1869-5　　定价：49.80元
邮购电话：010-65241695
发行电话：010-85119835　传真：85113293
网　　址：http://www.chlip.com.cn
Email：club@chlip.com.cn
如发现图书残缺请与我社邮购联系调换
170591S6X101ZBW

前言

陈继儒的《小窗幽记》中有这样的句子:“瓶中插花，盆中养石，虽是寻常供具，实关幽人性情。若非得趣，个中布置，何能生致。”幽泉竹林间，岂能无花相伴？案几上养一株鲜花供清赏，日子变得精致清雅。

所谓一花一器，一器一世界。花器，在古代被称为“大地”“金屋”，是花的居室，而花与花器的结合，不只是眼底的美和享受，还是一种意境所在。

《一花一器：水培植物》用“一器”培育一株花卉植物，在水的滋润里，生根摇曳。植物脱离了泥土的桎梏，也能开出一片芬芳，如同生活的姿态，换一个角度，换一种生活方式，也有不一样的精彩。所以说，携一缕花香，让满室如春温暖。

传统的花卉绿植，我们只能欣赏到一部分：茎、叶片、叶形、花形、花色等。而水培花卉绿植不同，因为生长在清澈的水中，不仅能欣赏到茎、叶、花，也能欣赏到在水中摇曳的根。大部分土培花卉绿植都需要人们精心呵护才能茁壮成长，而随着水培技术的发展，很多花卉绿植都能“水培”了。水培的最大优点是清洁卫生、养护简单、健康环保，而且水培植物已进驻到越来越多的家庭中。

《一花一器：水培植物》围绕着水培养护过程展开，第一章介绍了水培的基础知识，包括水培的概念、水培的优点、轻松水培的方法步骤、水培容器选择，等等；第二章和第三章围绕单个植物展开，全方位介绍了某种植物的水培方法。

参加本书编写的人员包括李倪、张爽、易娟、杨伟、李红、胡文涛、樊媛超、张严芳、檀辛琳、廖江衡、赵丹华、戴珍、范志芳、赵海玉、罗树梅、周梦颖、郑丽珍、陈炜、郑瑞然、刘琳琳、楚晶晶、惠文婧、赵道强、袁劲草、钟叶青、周文卿等。

由于作者水平有限，书中难免有疏漏之处，恳请广大读者朋友给予批评指正 。若读者有技术或其他问题，可通过邮箱 xzhd2008@sina.com 和我们联系。

目录 CONTENTS

01 Chapter

学习水培养护基础

1.1 水培育的植物

水培植物的概念

水培植物，以水为主要介质，配以特定的营养液，使植物在具有一定装饰作用的容器中正常生长。水培植物有装饰、绿化室内环境，同时净化空气的作用。

水培植物是一种操作方便、容易上手的室内栽植方法。

土培与水培的风信子

水培植物的发展

水培植物在中国有着非常悠久的历史。据记载，早在西晋时期就有关于水培的文字记载。

近代，无土栽培起源于 19 世纪的德国。到了 20 世纪 20 年代，无土栽培技术在美国和加拿大引起轰动。大约 20 年后，无土栽培技术传入中国。此后，中国大力开展包括水培技术在内的无土栽培研究与应用。1996 年，中国在水培植物养护中实现了花鱼共养。目前我国相关技术人员已经成功培育了观叶类、观花类等 8 个系列 400 多个品种的水培植物。

花鱼共养美不胜收

植物在水中存活的原因

植物最初是生长在水中的，受多种原因影响，植物渐渐适应了陆地的环境。现在，水培植物是使已经适应陆地环境生长的植物通过科学驯化、改良、培育和诱导来唤醒其记忆，激发其在水中生存的基因，进而长出适应水中生长的水生根系。

水生根系的功能就像是鱼的鳃，帮助植物呼吸，但吸的不是空气中的氧气，而是水中的“溶解氧（空气中的分子态氧溶解在水中称为溶解氧。水中的溶解氧含量与空气中氧的分压、水的温度都有密切关系）”。

水培育的绿植衍生出发达的水中根系

1.2 不得不说的水培植物优点

与传统的土培养花相比，水培植物除了环保，还有很多优点：更具有观赏性、颜色更丰富多彩、养护更清洁等。

省时省事

水培植物省去了传统植物养护的一部分程序，只需在容器中的水里生长。水培植物既不会产生杂草也不需要太多肥料（只要有营养液就行），不会产生肥料异味。同时容易管理，让人省时省事省心。

养护简单

水培植物日常管理简单，即使家中不常有人，大多数水培植物也能养好。一般的水培植物根据品种不同，对换水频率要求不同，但通常刚栽培时换水比较勤，换水时加几滴营养液，就不需要格外护理。平时只要在干燥的季节或空调房间中给叶面喷喷水、擦擦灰就行了。

所以水培植物在栽植以后几乎不需要什么特别照顾，平时只需要定期换换水，添加些许营养液即可。水培植物除适合白领在办公室养护外，还适合老人调节生活，是一种老中少皆宜的植物种植方法。

简单好养

生长观赏性极高的悬挂水培植物

观赏性高

多数水培植物的培养器皿是透明的，这样我们就能够清楚地看见传统土培植物所看不见的“地下”部分，在看见“地上”开花结果的同时也可以窥探“地下”纷繁根须的生长状况。如果在水中养一些具有观赏价值的鱼或龟等动物，则会更有情趣，立体美感十足，为室内环境增添了另一番情趣。

由于材质不同，造型多样的工艺养护器皿本身也具有观赏性，使得水培植物具有很强的立体美感和强烈的视觉冲击力。这样的一种花卉栽培形式，不仅可以自家当作室内装饰，也是送礼佳品。

易混搭

水培植物，既可以像土培植物一样一株一盆，也可以像插花一样根据个人爱好自由组合搭配起来，成为赏心悦目的工艺品。几种水培植物组合在一起，便可组成“山川美景”“比翼双飞”等不同寓意的花卉组合。还可将不同花期的水培植物组合成四季盆景：将一年四季之景融合在一起，形成一幅美轮美奂的风景。

净化空气

空气湿度对日常活动至关重要。在干燥的季节，水培植物可以大大增加室内空气湿度，对人们的身心健康非常有益。在夏季，天气炎热，室内空气流通度大大降低。如果室内栽植一些水培植物，能有效净化空气。植物能够吸收二氧化碳，释放氧气 ，这样水培植物就能够大大改进室内空气中含氧量。新装修的房子中甲醛、过氧化物等有害物质对人们的身体危害非常大，对胎儿的发育有很大的影响。如果多栽植一些水培植物，可以有效改善室内环境。

1.3 适合水培的花卉绿植

基础 / 找适合水培的花卉绿植

很多常见的花卉绿植都适合水培，如美丽温婉的蝴蝶兰、明艳动人的郁金香、清香淡雅的水仙、异香明显的风信子、挺拔直立的巴西铁等。现在，只要操作方法得当很多植物均能水培养护。

观叶水培植物

观叶植物中大多都适合水培。搭配上形态各异的花器，结合观叶植物多样的叶形，可以说水培更具观赏性。适合水培的观叶绿植有合果芋、常春藤、鹅掌柴、彩叶草、绿巨人、春羽、孔雀竹芋、绿萝、广东万年青、丛生春羽、迷你龟背竹、龟背竹、绿宝石、喜林芋、琴叶喜林芋、散尾葵、巴西木、肾蕨、滴水观音、鸟巢蕨、袖珍椰子等。

水培成活的观叶绿植

观花水培植物

用水培育观花植物更受欢迎，这种培育方式干净简单是它受欢迎的一大原因，适合观花水培的花卉有君子兰、月季、仙客来、蝴蝶兰、风信子、郁金香、栀子花、百合花、长寿花、茉莉、水仙等。

多肉水培植物

多肉植物中适合水培的也不少，如芦荟、蟹爪兰、龙舌兰、虎尾兰等都是非常容易水培成活的多肉植物。

Tips

水培植物的种类以常绿型观叶植物最常见，而观花植物、多肉植物相对少见。抗病害能力强、长势旺盛、枝条叶片数量多、生长速度较快是能否甄选条件。切勿选择处于生长后期的花卉来水培养植。

1.4 轻松水培的正确步骤

水培植物采用无土栽培技术，以营养液为基质驯化培育出来。据统计，90% 的植物都可以土培转水培，但是水培植物需要进行“驯化”才容易成活。植物土培转水培的常用方法有 4 种，即水插法、洗根法、走茎小株法、分株法。

水插法水培

水培植物最常用，也最便捷的方法就是水插法。简单来说，就是在成型的整株花卉上取发育良好的嫩茎、嫩枝插入水里，让其在水生环境下生根，成为新的植株。

① 选取长势良好、无病虫害的完整植株。

② 在选定枝条的下端 3~5 厘米处，用已消毒的锋利剪刀迅速剪下。要保证切面的平滑，并将偏黄的、虫子咬过的叶片都剪掉。水插前要将切口冲洗干净，防止因长时间缺水影响成活。

③ 切取带有气生根（植物茎上生发，生长在地面以上、暴露在空气中的不定根，能起到吸收气体或支撑植物向上生长，也有保持水分的作用）的枝条时，应保护好气生根。气生根可变为营养根，并对植株起到支撑作用。水培容器内的水位以没过插条的 1/3~1/2 为宜。切取多肉植物的枝条时，应将插穗放置于阴凉通风处晾干切口。

④ 为保持水质，初期一般 3~5 天更换一次水。换水时冲洗枝条，一般经过 7~10 天即可萌根。经过 1 个月左右的养护，水插枝条基本能长出新根。当根长至 5~10 厘米时，加入营养液。

洗根法水培

洗根法，顾名思义就是取出栽在土里的植株，用水冲洗植株根部的泥土、肥料等物质，然后移植到水培容器中。洗根法是我们日常生活培育水培植物最常用，也是最有效的取材方法。

① 选取健壮、形态饱满的盆栽植株，提前用水淋透，用小铲子让土盆分离，取出整棵植物。

② 去掉周围过多的泥土，根系上面的土用水轻轻冲洗干净，这个过程要小心，切勿伤及根系。

③ 用消过毒的剪刀把老根、烂根、杂根剪掉，这样有利于根系再生，也可以促进新根萌发。

④ 将修剪好的水培植株浸泡在低浓度的高锰酸钾溶液中 15~30 分钟。

⑤ 移至准备好的水培容器中，用没过根系 1/2~2/3 的家用自来水养护，保证根系上端在空气中暴露；用喷壶定期向植株枝叶喷雾，保证所需水分和周围空气足够湿润。在移植的前 7 天，每天更换自来水，保证水质的清洁度和透明度，这样不仅能够促进新根的生长，又能尽量减少或避免根系发生腐烂。

经过一段时间的养护，洗根法培植的植物已经基本适应水培环境，这时把水培植株移至购买或者自己制作的水培培养容器中，放置在固定的位置。此后水培植物的养护就轻松多了，只需平时定期换水，加些营养液即可。

Tips

如果出现烂根，在换水的时候应该及时剪掉，防止进一步扩大腐烂。大概 7 天以后，可以观察根系的生长状况；如果萌发白嫩的新根，则可根据根系的长势适当减少换水的次数，否则最好每天都换水直至长出新根。

洗根法多用于较大型的植株及生根较难的花卉。

将植物移至准备好的水培容器中，如果水培容器是玻璃器皿，建议适当做一下遮光处理，这样有利于更快长出新的根系。

走茎小株水培法

有的花卉绿植，如吊兰在生长过程中长出走茎（自叶丛基部抽生出来的节间横生的茎），可摘取成型的走茎进行水培。

走茎上大多带有少量发育完整的根，摘取后直接用小口径的容器水培。

使用容器的口以能支撑住植株的下部叶片为宜。注入容器里的水达到走茎的尖端即可。7~10 天换一次水。当小植株的根向水里生长延伸至 10 厘米左右时，再加水培营养液进行培育。

水培吊兰选用走茎小株水培法

分株水培法

分株水培法，指的是将成簇丛生的植株带根分离出，或将植物的蘖芽（树枝砍去后又长出来的新芽）、吸芽（生于地下球茎的一种营养体）、走茎等分切下来水养即可。

分株水培法

1.5 水培植物的生长环境

水培植物对生长环境也有要求：植物周围的温度、光照管理、换水补水、空气等。这些都是水培成功与否的关键因素。

水培的温度

一般水培植物不耐寒，温度控制在 15~28℃。气温低于 10℃时，有些植物生长停滞，叶片失去光泽，甚至被冻伤、冻死。耐寒性较强的植物，如常春藤、蔓长春等，也只能承受 5℃的最低温度。温度过低时，可通过在水培花卉上覆盖旧报纸、塑料薄膜等给植物保温。

另一方面，温度过高也不适宜植物生长，30℃以上时往往会出现烂根，叶边焦枯、老叶发黄、垂萎脱落等现象。如果没有调节环境温度的设施，不妨选择对温度适应范围较宽的植物，如龟背竹、马蹄莲、常春藤等。

换水补水

盆栽花卉需要浇水，水培植物也需要换水补水，新换的水中含有丰富的氧气，有利于植物生长。如果长时间不换水，器皿中的水会缺氧，影响根系生长及其吸收能力，导致植物生长不良，甚至死亡。所以说换水是水培植物的一项重要工作。

换水是指换加了营养液的水，用水以山泉水为最佳，其水质清洁，无污染，不沉淀，且含有多种植物生长所必需的微量元素。此外，纯净水含盐量低，透明度好，没有污染，也是水培植物的理想用水。

换水补水要及时得当

除了良好的水质外，合理的换水时间也十分重要。由于水质不同、植物不同、季节不同、温度不同，换水时间也不相同。一般而言，春秋季是花卉的生长期，宜 15 天左右换水一次，夏季 5 天左右换水一次，冬季 15~30 天换一次水，但具体的换水时间要根据不同植物和水的实际情况灵活掌握。每次换水要洗去根部的黏液，剪去老化的根和烂根。

换水时还要掌握水量的多少，水位过深容易使植物因缺氧烂根，水位过浅又会导致根系缺水影响生长。加水时不要一次加太多，慢慢加，这样有利于根系在水中吸收溶解氧。

光照管理

光照是植物生存的必要条件，不同植物对光照强度的适应程度也不同。只有将水培植物摆放在合适的位置，它才能茁壮生长。如果摆放范围不当，光照强弱不符合植物习性，则出现枝叶徒长，节间长而细弱，叶片畸形、失去光泽、褪色，甚至大量脱叶等情况，严重影响生长发育和观赏性。

合理的光照管理能让水培植物更健康

通风环境

水培植物的根生长在静止的水中，植物长得好坏与水中溶解氧的含量密切相关，因此良好的通风环境是水培植物正常生长的重要条件。

摆放在室内的水培植物，如果门窗紧闭，室内空气混浊，水中溶解氧不断降低，就会出现长势会越来越差，叶片发黄脱落，新梢瘦弱干瘪等现象。因此，养水培植物的地方应定时开启门窗，加强通风，以保持植株良好生长。

除了注意通风外，空气的湿度也很重要。增加空气湿度的方法有很多，最简单的方法就是向植物叶面喷雾。叶片较坚挺有蜡膜的植物，如龟背竹、君子兰等，可以用湿毛巾擦拭叶片表面。除了上述两种方法外，还可以在植物旁放一盆清水，通过蒸发水分来增加空气湿度。

1.6 营养液可以不买，自己 DIY 也行

水培营养液的概念

水培营养液中含有花卉绿植生长所需的所有必需营养元素，包括氮、磷、钾、钙、镁、硫、铁、锰、锌、铜、硼、钼等。市售的水培营养液的种类也不止一种，分为通用类、观叶类、兰花类、观花类等，因此在进行水培时，要根据植物种类选用对应的营养液。

一般来说，水培植物的浓缩液有效期较长，但储存时间超过 5 年最好就不要用了。此外，浓缩营养液在贮藏时要注意避光，不要放在小孩可触及的地方。

DIY 营养液的方法

营养液一般都是使用市场上出售的水培专用营养液，按说明书配出合适的浓度即可，非常方便。如果有兴趣，也可以自己动手配置水培营养液。

带上一个塑料盆、铲子去树林或者公园等落叶多的地方。用铲子将地下 10 厘米左右的土挖起来，放到盆中；然后向盆中倒入适量自来水，再找一根木棍，将自来水和泥土搅拌 10 分钟左右；搅拌后静置 30 分钟，等到水清澈了就可以把上层清液从水盆里倒出来，用于水培。

在使用自来水配制水培营养液时，应加入少量的乙二胺四乙酸钠或腐殖酸盐化合物。

市场上出售的水培营养液

1.7 水培植物的日常管理

水培植物的日常管理简单而轻松，即使长时间不在家，只要走之前换一次水，就能长时间存活。所以说水培植物非常适合现代社会生活节奏快的人们养护。

水培植物越冬管理

通常耐寒水培植物一般在 5℃以下时会进入休眠状态，而气温低至 0℃以下时则会出现组织坏死。因此，冬季维持室内温度在 5℃以上基本可以保证水培植物安全越冬。北方地区室内有暖气，不必担心；南方地区如果出现低温的天气，可以在上方点一盏灯来给水培植物保温。

水培植物度夏管理

由于水培植物是用液体介质栽培的观赏植物。到了夏季，气温升高，植物的新陈代谢变得旺盛，微生物大量繁衍，因此耗氧量不断增加，而溶解氧不断减少，植物在缺氧的环境中只能勉强维持生命。与此同时，水质恶化，可能引发植物根系腐烂，枝叶萎蔫，甚至导致植株死亡。因此，水培植物度夏的关键是要预防酷暑高温，提高营养液含氧量。

花器不同光照管理也不同

水培植物多数用透明玻璃容器，在光照强烈的夏季，必须用遮光物套住瓶体，否则阳光直射容易导致藻类的滋生。而藻类滋生必然争夺植物的营养。到了夏天，最好有遮阳措施，或是将水培植物置于半阴凉处养护。

1.8 水培植物要小心病虫害

水培植物虽没有土壤，不会受到土壤病虫害的侵害，但空气中的真菌、细菌、病毒仍可浸染水培植物的茎叶，使其发生各种病虫害。

如何应对水培中的病虫害

应对水培植物的病虫害以预防为主，等真正感染了病虫害再去治疗为时已晚。

在选择植物时，尽可能挑选植株健壮、生长茂盛、无病虫害的。在养护过程中通过加设防虫网等物理方法来防治虫害，并在营养液中加入臭氧或用紫外线灯光来进行消毒来防治病害。日常养护中发现腐叶、烂叶，要及时清理、移除，避免传播。

如何应对水生根发黑、烂根

水生根的出现对水培植物来说非常重要，但却又可能因为种种原因可能出现发黑、烂根等情况，甚至导致植物死亡。所以在水培时一定要对水生根多加保护。

水培植物根系发黑

水培刚生出来的新根，称为不定根。不定根长出来还暴露在空气中的，称为气生根。慢慢长大以伸入水中，称为水生根。水培植物一般都同时具有水生根和气生根，气生根负责吸收空气中的有益气体，而水生根负责吸收水分和水里的营养。

水培植物根系发生腐烂

在植物慢慢生长的过程中，会出现进入水中没过多久的气生根变黑、烂掉的情况。究其原因，是水质太差：气生根变为水生根后，吸附能力很强，把水中的有害物质都吸引过来，导致变黑、烂掉。解决问题的方法是选择更优质的水，并勤换水。在根刚出来的时候，要根据培育方法不同对换水时间的不同要求进行换水，换水时还要用干净水冲洗一下根。此外要经常观看瓶壁，发现有点发黄，就要立马清洗瓶子。

如何防止蚊虫孵卵

夏季是蚊子泛滥的季节，水培容器容易成为蚊虫产卵繁殖之地，且蚊虫繁殖的速度非常快，2~3 天就能孵化出下一代来。水培植物要求干净、美观，如果水培环境成为蚊虫滋生之地，就容易失去观赏性。

为防止水培植物受到蚊虫的侵害，应勤换水，最好 5 天换水一次，这样能够有效阻止蚊虫孵卵。如果担心换水过多影响植物的生长，还可以在水中滴杀虫剂，杀死水中的虫卵。但这种办法不适合鱼花共养的水培植物，因为杀虫剂使用不当，会导致水中的鱼被杀死。

除了对水培植物采取防蚊措施外，还要从居室的环境做起：水盆中不要长时间存水，没喝完的矿泉水瓶要及时清空，下水道口要随时冲洗。

如何应对藻类滋生

藻类对于水培植物的危害很大，不仅会和水培植物争夺溶解氧，其分泌物还会污染水培营养液，导致水质下降，附着在根系上的藻类会干扰水培植物的正常生理活动。而藻类滋生的诱导因素多为夏季高温、烈日直射、更换营养液不及时等。因此，一旦发现藻类，就要正确处理，具体的方法为首先倒掉被污染的水培液，并用清水将容器洗净，接着清理掉附着在根系上的藻类，换上新的营养液。

藻类繁衍需要较好的光照。在日常养护中对水培植物器皿适当遮盖，避免强光直射，能有效减少藻类滋生。

1.9 水培植物与容器搭配有讲究

水培植物在观赏枝叶、花形、花色、叶形、叶色的同时也能观察到它根系的生长状态，这样对于水培容器的选择就提出了比较高的要求。

目前市场上的水培容器各式各样，给了大家很大的选择余地。而现在日常用品的包装盒也是精致美观，自己用包装盒制作水培容器也不是难事。

细长型花器适合花梗长的花卉

日常不用的口杯也可用作水培容器

植物数量多时选择长直容器

腹大口小的玻璃容器适合单支玫瑰

大花也可选用小容器

上宽小窄的容器适合单支或几支花卉

直筒状容易适合茎干挺拔的植物

有把的容器用于水培很独特

用各种带颜色的容器水培不同的花卉，装饰性更强，视觉冲击力更大

市场上有很多造型独特的容器都非常适合水培，根据个人喜好进行选择，突显个性

Tips

市场上购买水培容器，建议用透明容器，美观大方为主。尽量与水培植物种类和室内环境相适应，能够保证水培植物的生长空间不受限制。

如果我们自己有条件、有时间、有材料制作的话，可以把一些闲置用具和产品包装盒进行改装，既能节省成本，又能增强自己的动手能力，富有创意。

1.10 最佳水培植物摆放案例展示

水培植物的摆放位置对装饰家居很重要，既要考虑水培植物的生长习性是否适应摆放位置的光照、通风条件，还要考虑颜色、花形是否与家居环境搭配和谐。以下用真实案例叙述水培植物摆放。

案例一

白色、绿色的花卉绿植用纯白的瓷器容器，在点缀餐桌的同时，给人一种高雅、宁静的气氛。

案例二

最简单的玻璃容器，三五盆一群放在铁器托盘中，点缀家居一隅，让空气中充满宁静氛围。

案例三

大小、造型不一的容器放在能照射到散射光的窗台上，不仅给家居环境增添一道独特风景，也让水培植物接受到光照的洗礼。

02 Chapter

常见花卉的水培之道

蝴蝶兰

高洁、清雅

产地[1]：亚洲
又名：蝶兰
养护难度[2]：★☆☆☆☆

注：①产地是指原产地。
②养护难度，★表示养护难度等级，越多表示植物越难养。

形态特征

蝴蝶兰，顾名思义外形就好似一只展翅飞舞的蝴蝶。蝴蝶兰的花茎十分短，隐藏在花叶中隐约可见。蝴蝶兰叶片稍肉质，呈绿色或深绿色。根据品种的不同，叶子有椭圆形、镰刀形、长圆形多种形式。花序（花在花柄上有规律的排列方式称为花序）长达 50 厘米左右，直径约 0.4 厘米，花序上常有几朵绽放的花。柄为绿色，有鳞片形状鞘。花瓣颜色多样，呈蒲扇形；花蕊蕊柱粗壮，约 1 厘米长；底部较宽。

环境控制

蝴蝶兰是一种喜好高温、高湿的花卉，白天 25~28℃，夜间 18~20℃为蝴蝶兰生长最佳温度。低温状态下蝴蝶兰会停止生长，低于 10℃则容易死亡。

耐阴也是蝴蝶兰的特性，比较适合散射光照与遮阴的环境。强光照射可能导致蝴蝶兰枯萎。

水培秘诀

蝴蝶兰在生长初期需要 2~3 天更换一次清水。蝴蝶兰的气根对水培的适应能力很强，加水时别让水滞留在生长点与叶片的凹陷处，否则容易霉变。水分过多会导致根部因窒息而死亡，所以一定要保持根部在水中不太深。蝴蝶兰喜欢湿润的环境，要常年保持 70% 左右的湿度。

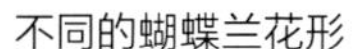

不同的蝴蝶兰花形

水培的蝴蝶兰

水培过程图

在盆栽的成年植株中，寻找出已经长出花芽的，将根部洗净，剪掉枯萎和腐烂的根系，放置在定植篮中，加入清水，浸泡根部 1/3 部分。蝴蝶兰的根部相比于其他花卉脆弱，因此不可以加固体基质，否则很容易受到损伤。

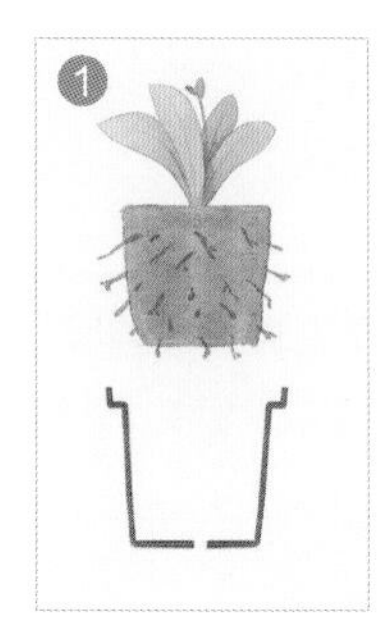

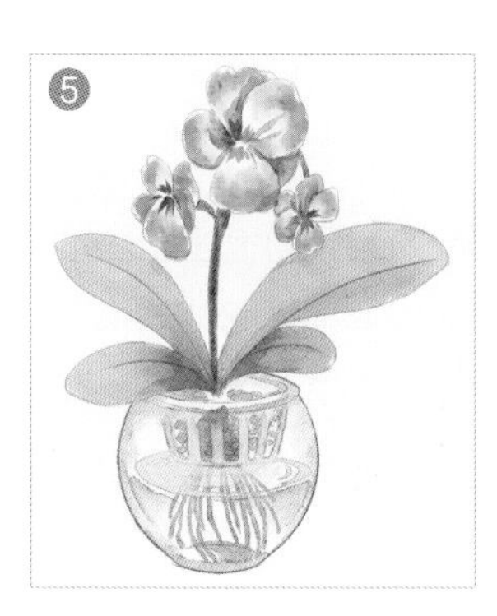

1. 选择健康的蝴蝶兰植株。
2. 用木棍弄掉泥土。
3. 用洗根法清洗根部。
4. 剪掉枯萎和腐烂的根系部分。
5. 精心水培养护。

Tips

空间比较宽裕的玻璃器皿适合蝴蝶兰。蝴蝶兰高贵典雅，选择搭配的器皿也分外好看才更具观赏性。

蝴蝶兰在点缀家居的同时，也可以吸收空气中的甲苯和二甲苯等有害物质，有利于净化生活环境。

水培修剪

植株开花时，有时花梗的下部会出现下垂的现象，可用细竹竿与铁丝给予支撑。平时要注意修剪外围的枯枝和枯叶，以防止细菌感染，也更具观赏性。

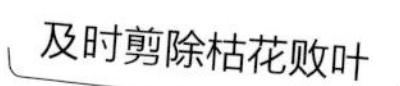

装饰摆放

蝴蝶兰比较适合摆在室内散射光比较充足的地方，如卧室、客厅。夏季应放在阴凉通风的处所，避免阳光直射(如向南或向东的阳台)。冬季要保持其充分的光照，必要时使用灯光补充光照。

白鹤芋

事业有成、一帆风顺

产地：美洲热带
又名：白掌、苞叶芋
养护难度：★☆☆☆☆

形态特征

白鹤芋属于天南星科白鹤芋属植物。株型属于大型种，高度约为 40 厘米。叶片宽大，形似椭圆形，叶片的两端渐尖。花葶直立，如同焰苞直立向上，花朵全身都是洁净的白色。

环境控制

要让白鹤芋健康成长，将其置于通风良好、有较强散射光的环境非常必要。白鹤芋不喜长时间处于阴凉的环境，但同样接受不了长时间的强光直射，夏季一定要遮光养护。白鹤芋的生长适宜温度在 22~28℃，这个温度之间白鹤芋都能很好生长，冬季要保持 15℃左右，温度低于 0℃时叶片易脱落、变黄。

白鹤芋不能长期处在太暗环境里，否则很容易失去光泽，最好能放在室内具有明亮散射光处。

水培秘诀

白鹤芋在刚开始水培时需要每 1~2 天换一次水，长出新的水生根后可以每 3~5 天换一次水，当周围的空气干燥时早晚要喷水。

白鹤芋根系发达，洁白如玉，选用透明度高的容器来栽培能提升观赏效果。

白鹤芋开花

水培白鹤芋要放在有散射光的地方

水培过程图

水培白鹤芋取材最好使用洗根法。挑选健康的植株从花盆中取出来，再将根系用清水清洗干净，用剪刀将生长得过长的根、病根、弱根剪掉，这样做有利于新根萌发，将根系放到定植篮中，并在定植篮中用陶粒固定根系，再用两根粗棉线（这样可以通过棉线吸收水分）穿过定植篮延伸到下层水面中，精心水培养护即可。

1. 从旧盆中将白鹤芋取出。
2. 抖掉并清洗外层泥土。
3. 修剪过多、较弱、腐烂的根系。
4. 精心水培养护。

Tips

白鹤芋能过滤室内废气，对付氨气、丙酮、苯和甲醛，尤其针对臭氧的净化率特别高，被视为“清白之花”。

水培修剪

水培白鹤芋，要注意及时摘除部分变黄的老叶，修剪老根。当植株过密时，要及时分株。

装饰摆放

白鹤芋亭亭玉立，洁白无瑕，可摆放客厅、书房点缀，高雅俊美，别具一格。

风信子

点燃生命之火，分享丰富人生

产地：地中海沿岸
又名：洋水仙、时样锦
养护难度：★★☆☆☆

形态特征

风信子与其他能净化空气的植物不同，不具备吸收有害气体的能力，但能有效过滤空气中的扬尘。如果生活的地方受雾霾影响严重，在家中摆上一盆风信子，能给周围的空气消消毒。

环境控制

当风信子所处的环境气温高于 35℃时，花芽分化受抑制，导致花畸形。而温度低于 0℃，会导致风信子被冻伤甚至死亡。温度在 15~20℃是比较适宜风信子生长的环境。

风信子生长过程中需要一定的光照强度。光照过弱会导致植株发育不良，影响观赏。光照不足，可用灯在 1 米左右位置进行补光。但在夏季要避免强光直射，以免导致植株被晒伤。

水培秘诀

风信子在生长初期，要适当多加水，正常生长后每 7 天更换一次即可，等待花期过后减少换水频率。夏季天气炎热的时候要经常给植株喷雾，以保持周围环境的湿度。

水培风信子开花了

水培的风信子

尚未开花的水培风信子

水培过程图

一般在花卉市场就能购买到风信子种球，买好带回家中后用清水将球体清洗干净，然后放入花瓶中，再加入清水浸泡 1 天。水培初期对根系要进行遮光处理，待到生芽后，放在阳光下促使植株生长。

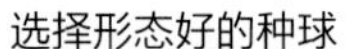
选择形态好的种球

用清水浸泡 1 天

放入花瓶中（水位离球茎的底盘要有 1~2 厘米的空间，让根系可以透气呼吸，严禁水位没过球茎）

风信子开花

水培修剪

在风信子生长过程中，对长势差，发育不良的植株部分进行适当修剪，开花后去除残花，以保证种球的营养供给。养护得当，第二年还会开花。

装饰摆放

风信子属于球根花卉，植株姿态美丽，花色丰富。家中水培风信子摆放于阳台或窗前等阳光充足的地点即可。

Tips

容器最好在购买风信子种球的时候一并购买，这样能根据植株大小来选择容器的大小。一般选择大小合适的圆口玻璃容器。在挑选时可以多问问商家有哪些适合风信子的容器，再根据自己的喜好选购。

百合

百年好合、伟大的爱、高贵

产地：中国
又名：山丹、夜合花
养护难度：★★☆☆☆

形态特征

百合为百合科百合属多年生草本植物，具有淡白色鳞型球茎，肉质肥厚。百合的根部纤细，数量较多，根的多少决定百合能否顺利生长。花比一般的观赏花卉大，生于茎的顶端。花色多为白色，散发怡人的香气。

环境控制

阴凉的环境非常适合百合生长，白天温度为 20~25℃时，百合就能正常的开花，晚上的温度要控制在 10~15℃。当夏天的温度高于 28℃，或冬季的温度低于 5℃时，植株发育会受影响，所以想让百合常年持续生长，要控制好温度。

长时间接受光照是百合生长的必备条件。但在夏季要适当遮光，否则过强的光照可能导致植株被灼伤。

水培秘诀

百合喜欢在干燥的环境中生长，叶片积水会缩短寿命。但在生长初期，百合对水的需求量较大，要适当加水。在夏季炎热时，每日都要给植株喷雾，适当降温可以保证良好长势。

水培的百合

杂交百合与百合花细节图

水培过程图

百合的水培取材，一般是将健壮的枝条用消过毒的剪刀倾斜剪下，除去基部叶片，再用高锰酸钾或多菌灵溶液稀释后浸泡 2~3 小时，然后用清水清洗干净，直接插入水中，用小鹅卵石固定根部，也可以选择开口较小的器皿水培，就不需要鹅卵石固定了。

① 选择长势良好的百合。

② 倾斜剪下基部枝叶。

③ 用高锰酸钾或多菌灵溶液稀释后浸泡。

④ 清水冲洗。

⑤ 精心水培养护。

Tips

整体百合植株较高，建议选择敦实高挑的玻璃容器，底部以卵石、玻璃球等来固定住。

百合还可以用洗根法水培：选取发育均匀、健壮、健康的大球品种，用清水洗干净根部，同时还要有适合的容器，精心养护。培养过程中需要利用卵石对植株鳞茎进行固定，还要经常加营养液。

水培修剪

百合在生长情况下很少出现分叉，生长期没有必要剪枝。花期过后，直接将残花摘除，以保持植株养分。

装饰摆放

百合适合摆放在餐桌或者客厅的茶几上观赏。夏天要注意避免摆放的位置有强烈的阳光直射，对于散射光也要进行削弱处理。

水仙

吉祥、美好、纯洁、高洁

产地：地中海地区
又名：凌波仙子、玉玲珑
养护难度：★★☆☆☆

形态特征

水仙属于球根类花卉，有一个巨大的球茎。球茎是圆锥形的，外面是黄褐色的茎皮。水仙的叶子为苍绿色，扁平带状，叶表面有霜粉。水仙的花一般呈扇形，生长在花葶（地上无茎植物从地表抽出的无叶花序梗，形似花茎而非花茎）的顶端，呈白色或黄色，花瓣多为 6 片或 8 片。

环境控制

水仙既怕冷也怕热，温暖湿润的环境适宜水仙生长。10~15℃是水仙生长的最适宜温度。如果温度过高，可能叶片生长过于旺盛而影响开花；过冷的环境则导致水仙出现叶片短小，花期延迟的情况。

水仙需要保证足够的光照，甚至在晚上也应将水仙置于灯光下。充分的光照可以确保水仙的品质，还能防止茎叶徒长。

水培秘诀

刚上盆的水仙要每天换一次清水。一段时间后隔 2~3 天更换一次。当出现花苞后，一周换一次即可。

如果是腹大的花器，用大鹅卵石铺垫，如果是小花器，用小颗粒石铺垫。

水培的水仙

洋水仙

水培过程图

水培水仙，首先选择一株健康水仙，将根部的泥土洗干净。用刀去除鳞茎外皮，露出里面的花芽，浸泡 1 夜后将切口清理干净，放入容器后用鹅卵石固定，加水。水淹没鳞茎约 1/3 最佳。白天放在阳光充足的地方晒，晚上将水清干，次日再加水。循环此步骤，帮助植株生长。

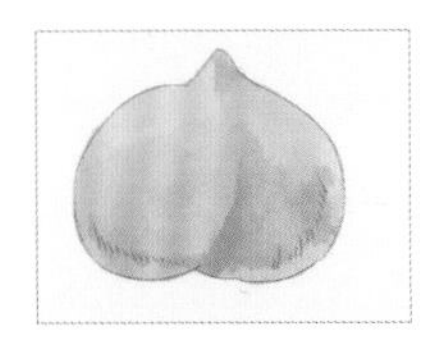

❶ 将根部的泥土洗干净。

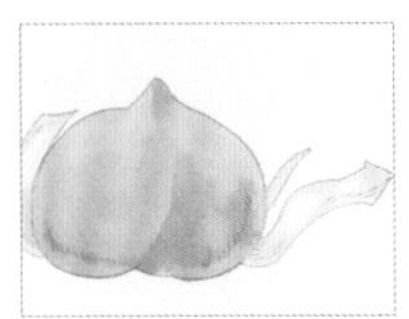

❷ 用刀去除鳞茎外皮。

❸ 浸泡 1 夜。

❹ 用鹅卵石固定中加水。

❺ 水仙成活。

水培修剪

在培养过程中要注意对温度和光照的控制，以免出现无法扭转的叶片疯长。水仙是草本花卉中少有可塑造的珍品，经过雕刻师的巧手雕琢，可以呈现出美轮美奂的万千种姿态。

装饰摆放

水仙适合放在室内向阳处培养，客厅、书房、餐厅都是很好的选择。

Tips

水仙的球茎较大，所以适合选用较浅的玻璃或瓷质容器。

水仙作为观赏花卉，功效很多。除了可以吸附空气中的灰尘，鳞茎还可以被用来入药，具有清热解毒，散结消肿等功效。通过提炼可用来制作香水、香料或化妆用品。同时水仙花还可以制成高档花茶。

茉莉

质朴、玲珑、清纯

产地：中国

又名：木梨花

养护难度：★★☆☆☆

形态特征

茉莉属于直立灌木，花枝圆柱扁平状。叶子有圆形、椭圆形和倒卵形，叶片上部凹陷而下面凸起。花朵呈伞状，长在植株顶部，通常花色为纯白色，香气浓郁。

环境控制

温暖湿润的生长环境很适宜茉莉花，大多数品种都怕寒冷的气候。不要让植株生长环境低于3℃，否则可能被冻死。

茉莉花喜欢半阴的环境，但在秋冬季节也要保持一定光照。夏天，茉莉应该被摆放在阴凉通风的位置，否则花叶容易被灼伤。

水培秘诀

水培成活的茉莉的水生根系长出后，需要加入营养液帮助植株生长。一般夏天 4~5 天添加一次水；冬季茉莉花进入休眠，15~30 天添加一次水就可以满足植株的需求了。

茉莉花是茉莉花茶的原料

水培的茉莉花

水培过程图

茉莉一般是将土培植物脱盆去土，将根系洗干净之后，用陶粒或卵石固定于水培容器，清水淹没根系的一半左右即可。在水培器皿中加入少量多菌灵水溶液消毒，有利于水生根系长出。茉莉除了从土培中取材还可以直接用消过毒的剪刀剪取健壮的枝干来水培。剪取后可以用多菌灵对枝干下端进行消毒，然后插入容器中，注入水没过枝干 5 厘米即可。

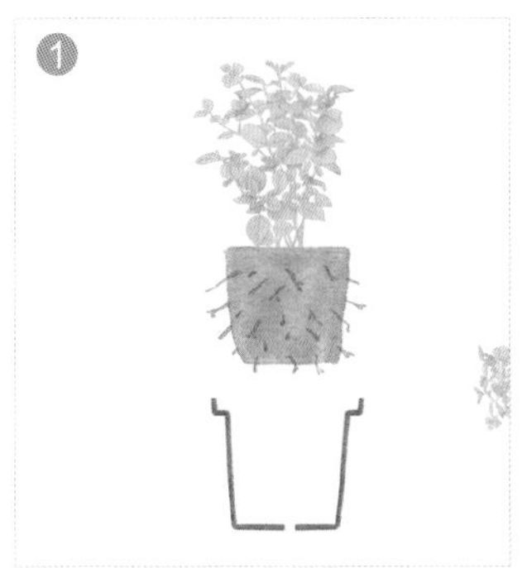

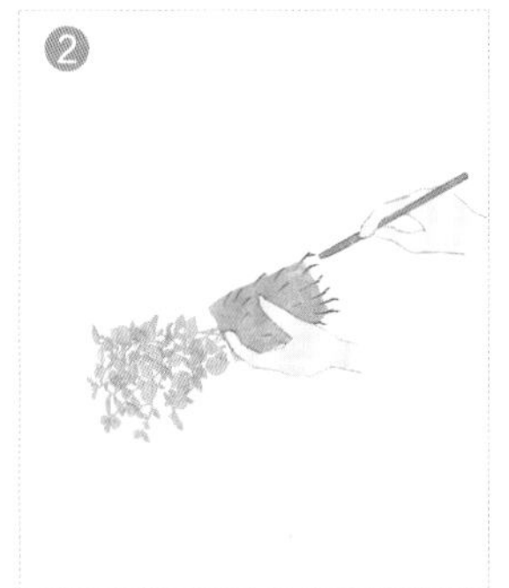

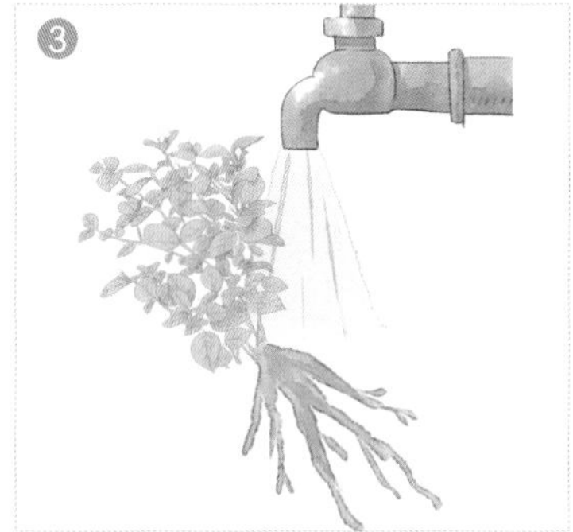

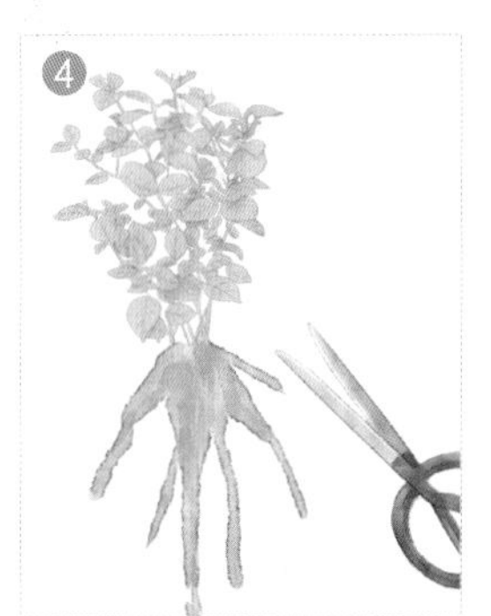

① 将健康的茉莉从盆中取出。

② 用木棍弄掉泥土。

③ 清洗植株根部。

④ 修剪植物根部。

⑤ 插入玻璃器皿中（清水没过根系 1/2），并放入小鹅卵石固定根系。

水培修剪

建议春季发芽时将新生枝条适当剪短。如果新枝生长过旺，要对植株进行摘心处理，以促使植株开花数量更多，质量更好。一旦发现病枝、弱枝，要及时剪除。在花期过后，残花和枯叶也要及时摘除，确保不影响来年的生长。

装饰摆放

茉莉叶色翠绿，花色洁白，香气浓厚，摆放在室内可以照射到阳光的位置，夏季要转移到阴凉、干燥的地点。

仙客来

温和、美丽

产地：希腊

又名：兔耳花、一品冠

养护难度：★★☆☆☆

形态特征

仙客来是报春花科仙客来属多年生草本植物。仙客来块茎扁圆球形，叶片由块茎顶部生出，呈心形、卵形或肾形。花被（花萼和花冠的总称）管绿色，圆筒状。花单生于花茎顶部，有红色、白色等多种颜色。

环境控制

仙客来喜欢温暖湿润的生长环境，惧怕炎热。凉爽的气候和充足的阳光下，仙客来可以茁壮成长。

10~20℃是仙客来生长的最适宜温度。仙客来可耐低温，高温会对其生长造成无法挽回的伤害，30℃以上植株停止生长。一旦到达 35℃，植株根茎就会发生腐烂，甚至导致植株死亡。

水培秘诀

水培的仙客来每周加 1~2 次清水即可。在水培初期，生长环境不宜太湿，根据枝芽的生长状态逐渐增加添水频率。

最好选择具有定植杯的普通容器，水培初期可以用陶粒固定植株。

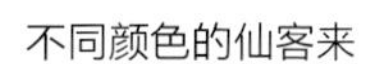

不同颜色的仙客来

水培的仙客来

水培过程图

仙客来水培的原材料最好选择长势较好，无病虫害，且含苞待放的植株。用大约 20℃的清水将根系洗干净，放在水培器皿后用陶粒将其固定，然后注水，水与跟部齐平，注意不要浸泡球茎部分过深，以防球茎部分腐烂。

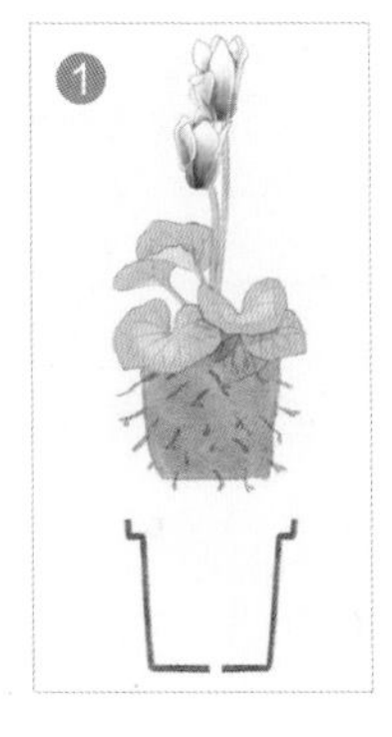
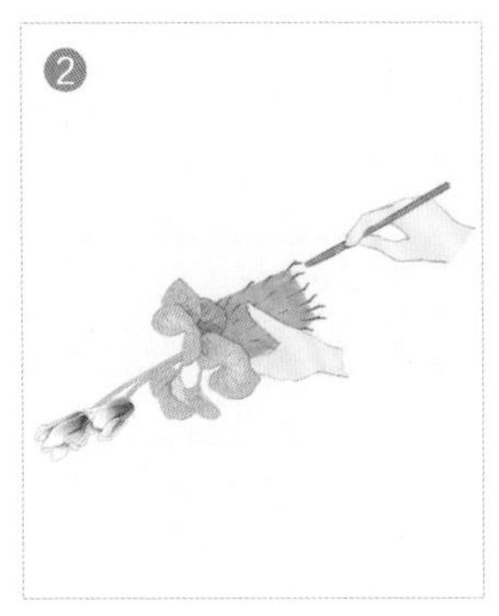

❶ 选择健康的仙客来植株。

❷ 用木棍弄掉泥土。

❸ 用洗根法清洗根部。

❹ 修剪枯萎和腐烂的根系。

❺ 准备上盆需要的工具。

❻ 精心水培养护。

水培修剪

仙客来不需要刻意修剪，时常除去败落的花与枯萎叶片即可。

装饰摆放

仙客来适合室内布置。将鲜艳的植株摆放在家中能够照到阳光的书桌、茶几、墙架上，既美观，又能清洁空气。其别致的花形与绚烂的色彩，可以将居家点缀得更加美好。

栀子

永恒的爱，一生守候

产地：中国
又名：越桃、白蟾、玉荷花
养护难度：★★☆☆☆

形态特征

栀子为茜草科栀子属植物。每根花枝顶端都有单朵栀子，其花朵为纯白色，花味芬芳。整朵花呈高脚蝶的形状，花冠正中央有圆筒形凹陷，偶尔会有乳黄色花蕊。花丝（雄蕊的一部分，一般呈丝状，也有合生为筒状的）较细而花柱粗厚，彼此对比，交相辉映。花叶绿色，且对称生长，常见状态为椭圆形或倒卵形，偶尔也能看见长圆状或披针形树叶。

环境控制

适宜栀子生长的温度是 20~25℃。低温环境下栀子生长困难，低于 0℃，可能会死亡。但冬天也不能将其养护在过高的温度中，6~10℃为佳。如若不能在冬季休眠，来年栀子开花会受到影响。

栀子喜好阳光，却不能承受阳光的暴晒。夏天要将其放在阳光无法直射的地方进行养护。

水培秘诀

水培的栀子在炎热的夏季 4~5 天加清水一次就可以了，每天要向叶面喷雾 2~3 次帮助植株降温，并保持空气湿度。冬季可以 10~12 天加一次水。

水培栀子水量在基部 1/3 最佳

栀子尚未开花，含苞待放状态

水培过程图

水培栀子较为简单，直接选取长势较好的栀子，剪取健康的枝条直接浸泡在清水中就可以了。还有一种方法，将土生的栀子脱盆进行水培，将根系洗干净后浸泡在水中，用陶粒、卵石或定植篮固定根系。根系大约留一半在水中，同时加入少量多菌灵杀菌。

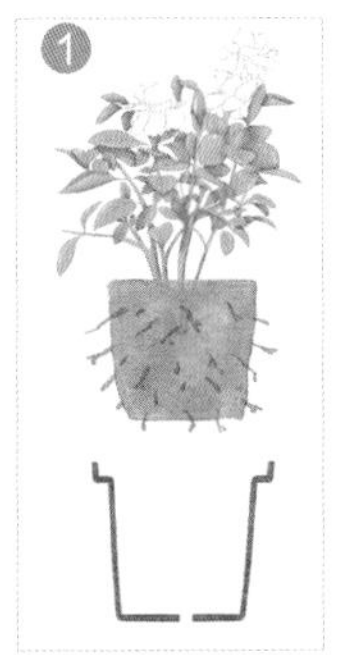

1. 将健康的栀子从旧盆中取出。
2. 用木棍弄掉泥土。
3. 清洗植物根部。
4. 准备水培容器。
5. 精心进行水培养护。

Tips

栀子抗逆性弱，容易发生病虫害。病害主要有叶斑病，叶斑病用代森锌可湿性粉剂喷洒，并及时清除发生病害的枝叶。虫害有刺蛾、介壳虫和粉虱危害，刺蛾可以用敌杀死乳油喷杀，介壳虫和粉虱可以用氧化乐果乳油喷杀。

水培修剪

栀子的枝叶很容易变得太过茂密，看起来很是旺盛，其实影响其茁壮成长。修剪时要本着“去弱留强”的原则，将方向长歪的，过细的枝及时剪掉。摘除过密顶芽，枝上留少数芽。一根枝上的花苞也只留 2~3 个，以防止养分分散而影响植物生长。

装饰摆放

栀子适合摆放在家中光线较好，通风条件较好的地点，但要避免阳光直射。夏季应摆放在较为阴凉、空气湿度适宜的环境中。

月季

热情、尊敬、纯真、俭朴

产地：世界各地
又名：月月红
养护难度：★★☆☆☆

形态特征

月季为蔷薇科常绿或半常绿低矮灌木，四季开花。花枝呈圆柱形 ，表层有粗短的钩状皮刺。叶片呈绿色卵圆形，顶端渐尖且边缘带有锐锯齿；叶片表面光滑；叶柄表面有散生皮刺和腺毛。花瓣层层包裹，芳香逼人。根据品种的不同，开花的颜色多种多样。

环境控制

月季最适温度为 22~25℃，需要温暖而不炎热的环境。当温度超过 32℃时，花芽（尚未充分发育和伸长的枝条或花，即为枝条或花的雏形）分化就会受到抑制。月季有一定的耐寒能力，不过冬季最好保持 18℃以上的养护温度。

月季喜爱阳光，每天保持 6 小时以上的光照，才不影响开花的时间与质量。夏季要适当遮光，防止阳光直射对植株造成损伤。

水培秘诀

月季在开春季节属于生长期，对水分需求较大，及时补水。夏日温度高，水分蒸发量大，每天都需要加水，否则会导致植物脱水，影响发育。冬季月季进入休眠后，要适当减少换水、加水的频率，保持植株正常生长即可。

月季向上挺拔，选择各种心仪的花器水培都好。

月季的品种不同，开花颜色不同

水培月季搭配不用颜色的花器更为独特

水培过程图

月季的水培取材一般是将健壮的枝条用消过毒的剪刀倾斜剪下，除去基部叶片，用高锰酸钾或多菌灵溶液稀释后浸泡 2~3 小时，然后用清水清洗干净后，直接水培。可以用小鹅卵石固定根部，也可以选择开口较小的花器，这种花器就不需要鹅卵石固定了。

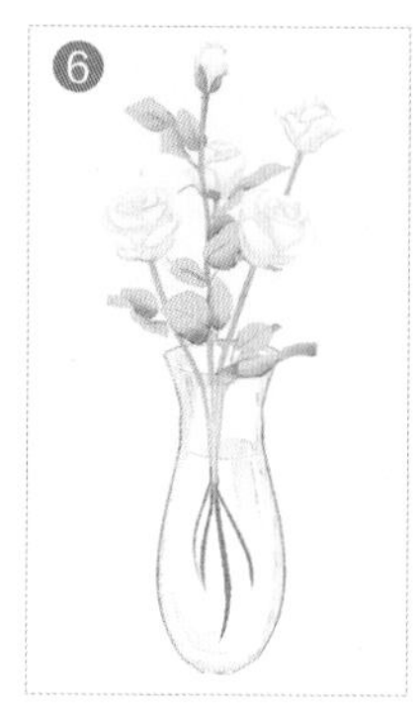

❶ 选择健壮的月季。

❷ 剪去基部叶片。

❸ 高锰酸钾或多菌灵溶液稀释后浸泡。

❹ 清水清洗基部。

❺ 准备水培器皿。

❻ 精心水培养护。

水培修剪

月季出现花蕾后，每枝选择一个形状好的留下即可。这样才能将养分集中，将来开出的花饱满，香气浓郁。花期过后要将残花全部去除，只留少量粗壮枝条，其余部分都剪掉。这样，来年才不至于长得杂乱无章。

装饰摆放

月季适合摆放在阳台观赏。

长寿花

大吉大利、长命百岁、福寿吉庆

产地：非洲南部
又名：伽蓝、寿星花
养护难度：★★☆☆☆

形态特征

长寿花属于景天科草本植物。叶子是深绿色，每一枝茎上大约有 3~4 枚叶片，叶片非常肥厚光亮，呈半圆形。花茎很细长，花序呈现雨伞的形状，大约每枝开花 2~6 朵。花的颜色有粉色、红色等多种颜色。在长势好的情况下，花期可以延续 4 个月。

环境控制

长寿花比较喜欢温暖、通风的环境。温度保持在 15~20℃，长寿花能够很好地生长。温度高于 24℃，可能导致开花时间推迟或者抑制开花。冬季需要将温度保持在 10℃以上，一旦温度低于 5℃，叶片就会冻伤，发红，不利于来年开花。

长寿花属于短日照花卉，对于光照要求不严苛。但是在夏天要避免强烈的阳光直射，以免叶片被晒焦。

水培秘诀

长寿花的叶片非常肥厚，可以存储很多的水分，所以不必经常加水。

在生长初期，一般每 2~3 天换一次清水，但冬季要减少换水次数，以避免引起根部腐烂。

长寿花株型较小，适合用小型的玻璃容器水培。

不同花色的长寿花

可以用陶粒铺垫固定水培长寿花根系

水培过程图

选取生长状态良好的成年土培长寿花进行水培，首先要将长寿花的根系洗干净，放在装水的容器中进行水生根系诱导处理。取材的方法还可以直接选取长势较好的分枝直接插入水中诱导生根。

❶ 将健康的长寿花从旧盆中取出。

❷ 用木棍弄掉泥土。

❸ 清洗植物根部。

❹ 剪掉枯萎和腐烂的根系部分。

❺ 插入水中诱导生根。

Tips

长寿花的光合作用与大部分绿色植物不同：一般的植物到了晚上没有阳光后只是吸收氧气，释放二氧化碳；长寿花白天气孔关闭，到了晚上张开气孔释放氧气，吸收二氧化碳。所以长寿花在夜间能对封闭的居室有净化空气作用。

水培修剪

长寿花每年花败之后都需要进行一次大剪。七月份之前修剪，只要留 3 厘米的枝干，其他的部分都剪掉，甚至可以完全不留叶片。修剪后一定要在水中增加营养液，这样等到来年才能继续保持良好的长势。

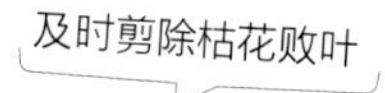

装饰摆放

秋冬季节要摆放在有光照的窗台上，这样能使长寿花接受充足的光照。夏季要注意遮光，可以摆放在茶几、案头等地方。

马蹄莲

永恒、优雅、纯洁无瑕的爱

产地：非洲
又名：慈菇花、水芋马
养护难度：★★★☆☆

形态特征

马蹄莲花苞洁白无瑕，状似马蹄，故名马蹄莲。马蹄莲为丛生，有块茎。叶片为绿色箭形或心形。佛焰苞长达 10~25 厘米，常见的马蹄莲花色为乳白色，桃红色或黄色。花葶为圆柱形，长 6~9 厘米，粗 4~7 厘米。浆果为淡黄色，短卵圆形，直径 1~1.2 厘米。

环境控制

温暖湿润的生长环境更适合马蹄莲生长。过高或者过低的温度都对马蹄莲的生长有影响。在夏季较炎热的环境下，要常给植株喷水降温，并避免阳光直射，以防止叶片被灼伤。10 月中旬过后，马蹄莲就要移入温室，否则过低的温度可能对植株的生长造成无法逆转的危害。

马蹄莲虽然喜欢阴凉的环境，但在开花期间需要充足的光照，否则佛焰苞色泽可能发绿，影响观赏性。每天保持 3~5 小时的光照对开花期的马蹄莲来说非常重要。

水培秘诀

马蹄莲喜欢湿润的环境，在马蹄莲生长初期要多补水。夏季，每天应该喷雾 2~3 次。养护过程中常用清水擦洗叶面，以保持叶面常绿清新。

大面积水培的马蹄莲花朵细节图

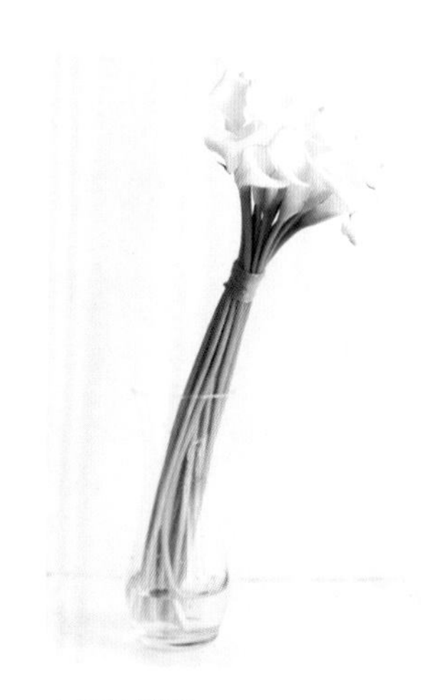

水培马蹄莲

水培过程图

选取长势优秀的马蹄莲进行脱盆处理：将根系清理干净，去除烂根烂叶后用鹅卵石固定在水培容器中，水淹没根系的一半即可。经过 7 天左右，水生根系长出，然后精心养护即可。

① 选健康的植株脱盆。

② 用木棍弄掉外层泥土。

③ 用清水将根系冲干净。

④ 剪去病根、烂根。

⑤ 用鹅卵石在水培器皿固定根系，并精心水培养护。

水培修剪

马蹄莲叶片寿命较短，当新叶长出后，老叶就开始变黄，所以在修剪过程中要及时去除老叶。花谢后，也需要及时剪除花葶和残花，以免影响之后开花。

装饰摆放

马蹄莲可以摆放在卧室、客厅等地方，显得美丽生动。如家中有小孩，最好摆放在小孩够不到的高处。

Tips

体型较为敦实的容器很适合马蹄莲，买一个适合的容器有助于增强马蹄莲的观赏性。

马蹄莲的生长过程中能有效吸收空气中一氧化碳、二氧化硫等气体，有净化空气的效果。

君子兰

高贵、有君子之风

产地：南非
又名：剑叶石蒜、达木兰
养护难度：★★★☆☆

形态特征

君子兰茎直，多分枝，基部稍木质化。叶片长圆形至倒披针形或匙形，从根部缩短的茎上呈两列对称长出。全年开花，黄色、橘黄色或橙红色。

环境控制

君子兰最喜欢温暖湿润与半黑暗的环境。在生长初期，15~20℃是君子兰的理想温度。如果气温达到 30℃以上，对君子兰的生长极为不利。同样的，0℃之下君子兰生长也会受到影响，甚至发生难以挽回的冻伤。

君子兰能否健康生长，光照是一个很重要的因素。既要接受足够的光照，又要保持空气流通，以满足光合作用需求。光照过弱、时间过短会造成君子兰不能充分积累养分；光照时间太长，则造成养分积累过多，影响正常开花。

水培秘诀

君子兰根部肉质较发达，蓄水能力较强。

夏季炎热时节每天都需要换水。在容器中投入小块木炭可起到有效防腐作用。

冬季一般换水周期为 10~15 天。如有条件，可用磁化水对植株浇注，雨雪或江河水等水效果也不错。如果没有条件，可将城市自来水静置 2~3 天，沉淀杂质，也使其中的化学物质得到氧化。定期施用 2~3 滴营养液可以确保茁壮成长。

君子兰根系发达

不同花色的君子兰

水培过程图

水培君子兰一般是直接将土培成活的君子兰脱盆处理：首先将土培的君子兰去土，将根系洗净，修剪根部；再通过定植孔浸泡延伸到营养液中，浸泡根部大概 1/2 的长度；最后对根部进行遮光处理，以方便新根健康生长。

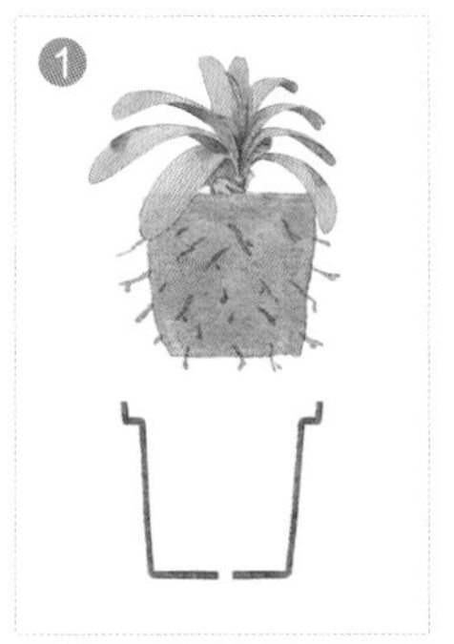

❶ 将健康的君子兰从旧盆中取出。

❷ 用木棍抖落泥土。

❸ 清洗植物根部。

❹ 修剪植物根部。

❺ 放入水培器皿后要遮光处理。

Tips

因为君子兰的根部厚实，要确保容器敦实，透明玻璃容器为佳。根在营养液中的深度最好不超过根部的假鳞茎。

水培修剪

君子兰生长速度较慢，平时只需要将枯叶剪除就可以了。换水时可以将烂根、病根剪除。

装饰摆放

君子兰适宜室内培养，如客厅、书房等。摆放的地方要保证一定时长的光照和保持通风。放在有西晒的房间，要避免阳光直射。

蟹爪兰

鸿运当头、锦上添花

产地：南美洲
又名：蟹爪莲、仙指花
养护难度：★★★☆☆

形态特征

蟹爪兰为仙人掌科蟹爪兰属植物。蟹爪兰节茎常因过长而呈悬垂状，连接形状如螃蟹的副爪，故名蟹爪兰。

环境控制

15~32℃为蟹爪兰生长的适宜温度。在温度达到33℃以上进入休眠。冬季要保持10℃以上的生长温度，温度过低蟹爪兰可能会进入休眠状态，甚至因为冻伤而死亡。

夏季，蟹爪兰要进行适当的遮光处理，避免阳光直射，这样植株才长得生机盎然。冬季特别要注意放在具有明亮光线的地方进行养护，如果接受的阳光过少，可能叶柄纤细、发黄，影响其观赏价值。

水培秘诀

蟹爪兰在水培初期不要放光线直射的地方，光照会抑制根的生长，导致发根缓慢。水培初期，如发现叶片萎蔫，这是正常现象。因环境不同，恢复时间为数天至数月不等。水培生根后的蟹爪兰需要充足的光照，但不能强光暴晒。在换水时，忌水温过低，特别是在冬季，水温要与室温相当。

水培蟹爪兰可以用陶器花盆

不同花色的蟹爪兰

水培过程图

蟹爪兰可以直接将土培转为水培。首先挑选健康的蟹爪兰，将根系洗干净，然后利用定植杯固定在水培的容器中，将部分根系浸泡在加了营养液的水中。

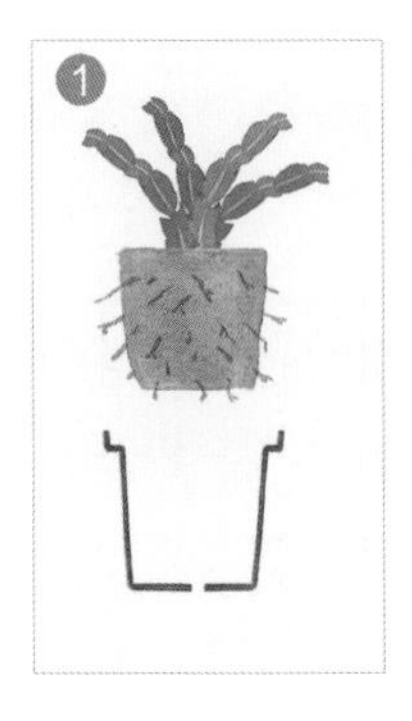

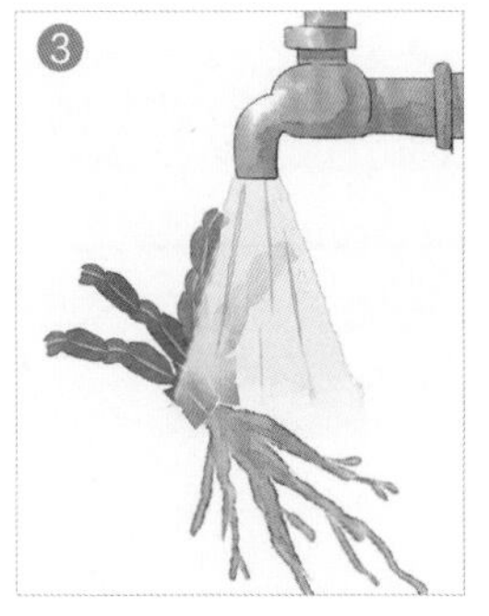

1. 将健康的植株从旧盆中取出。
2. 用木棍弄掉泥土。
3. 清洗植物根部。
4. 修剪植物根部。
5. 精心水培养护。

Tips

蟹爪兰可以通过改变光照来控制蟹爪兰的花期：在 7 月份白天用黑布遮光，同时控制温度，可使其在国庆节前开花。

水培修剪

蟹爪兰多生枝节需要适当修剪。在修剪的时候要剪掉老茎和过密的枝节。每个节片顶端的新枝保持在 3 个左右即可。茎节上长势不好的花蕾中也应该及时修剪掉。将整个植株修剪成伞形，有利于植株更好地进行光合作用。适当修剪也会使植株更具观赏性。

装饰摆放

蟹爪兰适合装饰窗台、门庭和大厅，营造出热烈的氛围。

郁金香

博爱、体贴、高雅、善良

产地：地中海沿岸
又名：洋荷花、草麝香
养护难度：★★★★☆

形态特征

郁金香为百合科草本植物，品种不同，形态也有差异。一般花叶为 3~5 枚，呈条状披针形或卵披针形。通常一株花茎只开一朵郁金香，长在花茎的顶端。品种不同，花瓣颜色有所不同，白色、黄色、粉红、洋红、橙色、褐色……花的形状也因品种不同分为钟形、卵形、漏斗形、碗形等。

环境控制

郁金香生长的温度条件 5~20℃，最佳温度为 15~18℃。郁金香耐寒性相比其他花卉强很多，-35℃的低温都不会对郁金香造成太大损害。8℃以上郁金香才开始生长，如果气温超过 35℃，郁金香芽部分化则受到抑制。

夏季水培郁金香要避免阳光直射，否则可能被强光灼伤。

水培秘诀

郁金香在养护过程中千万不要过量加水。生长初期，植株对水的需求较为强烈，应适当增加换水频率。待发芽后则应减少换水。郁金香喜欢较为湿润的生长环境，所以每天对植株进行喷雾是必要的。

水培郁金香适合装饰餐厅

不同颜色的郁金香花

水培过程图

水培郁金香方法较为复杂。首先要选取鳞片包裹紧密，没有损伤，收获较晚的郁金香种球，先用百菌清的药剂按比例加水后进行浸泡消毒。对种球进行处理后放入水培盒，加入清水后摆放在光照环境中生芽。也可以直接选取土培植株脱盆，将根系处理后放入容器中加水诱导生根，大约15~20天水生根系可诱导长出。

Ⓐ 选取鳞片包裹紧密，没有损伤，收获较晚的郁金香种球。将种球用百菌清的药剂浸泡消毒。

Ⓑ 将种球放入水培盒，加入清水后摆放在光照环境中进行生芽。

① 取出郁金香。

② 用木棍弄掉泥土。

③ 清洗种球。

④ 精心水培养护。

水培修剪

郁金香经历高温之后，叶子和花茎会慢慢枯萎。在这个阶段，剪掉枯黄的茎叶即可。花期之后要及时的摘除残花的花头，以减少营养消耗，促进给新球发育。

装饰摆放

郁金香生性向阳，摆放在室内或阳台上，能够得到充分光照。

铁海棠

温柔而又忠诚，倔强而又坚贞

产地：非洲
又名：麒麟花、虎刺梅
养护难度：★★★★☆

形态特征

铁海棠属于大戟科植物。茎有一定攀缘性，分布着灰色粗刺，如同玫瑰般可爱却又不能轻易触碰。叶形如片叶浮舟，承载花开花落。花朵小巧，似乎是为了拒绝孤单，成对生成小簇，像大家族一般聚集在一起。小花外侧有两枚是淡红色的苞片(花序内不能促进植物生长的变态叶状物)，另外，苞片有黄色，也有深红色。

环境控制

铁海棠喜欢温暖，而且不耐寒，生长适合温度在 15 ~ 22℃。当温度在 10℃以下就会自动转入休眠状态。休眠的铁海棠就没有什么观赏性了。

水培秘诀

春季每隔 2 ~ 3 天换一次水。夏季高温天气要适当向植株皱纹喷洒水雾，并遮光。冬季可以每隔 30 天左右再换水一次。

铁海棠不同的花色

水培过程图

将铁海棠从花盆中取出，注意铁海棠有硬刺，要戴手套操作，用木棍或直接用手将外层的泥土抖落干净，再用清水冲洗，适当修剪根系后放到高锰酸钾溶液中浸泡半天，再用清水冲洗，最后将铁海棠放入水培器皿中精心养护。

① 将健康的铁海棠从旧盆中取出。

② 用木棍弄掉泥土。

③ 用清水冲刷掉根系。

④ 修剪过长根系和杂根。

⑤ 高锰酸钾溶液浸泡半天。

⑥ 清水清洗干净后精心水培养护。

水培修剪

不需要特意修剪，只要在其叶片枯萎时及时将叶片拣出即可。在换水的同时观察根系，如果根系有腐烂或病变，要及时用消过毒的剪刀剪除。

装饰摆放

铁海棠枝刺会分泌有毒物质，对人体有害，但这种汁液能够消灭蚊虫，所以建议摆放在高处养护。

常见绿植的水培之道

吊兰

纯洁、谦虚、宁静

产地：非洲南部
又名：垂盆草、挂兰
养护难度：★☆☆☆☆

形态特征

吊兰为百合科多年生常绿草本植物。茎像根平生或斜生。叶片生于根茎之上，叶为线形，从基部丛生。花茎从叶中抽出，与叶一起弯曲下垂，花像垂挂的小星星一般，2~4 多簇生。

环境控制

吊兰的抗寒能力比一般的观赏植物强，但它也有最佳生长温度的，当温度维持在 15~25℃时，吊兰保持良好长势，当生长温度为 20~24℃时，拥有最快速生长的活力，但是一旦温度在 30℃以上就停止生长。冬季时，室温保持 12℃以上可以正常生长、开花，低于 5℃容易引发冻伤。

吊兰对光照十分的敏感，夏秋季节如有阳光直射，吊兰的叶会枯黄，甚至整株枯死。冬天阳光柔软时可以接受光线直射，其他季节应摆放于散光处，避免阳光直照。

水培秘诀

水培吊兰最重要的是掌握换水的技巧。在吊兰生长旺盛期每 3~5 天就要换水，冬季吊兰进入生长的休眠期时，可以换水不那么频繁。每天要对叶片喷水，水珠越细越好，夏季更要增加喷水次数。

水培吊兰

吊兰开的小花

水培过程图

水培吊兰有很多取材方法，其中以洗根法最为常见。

将吊兰从土壤中挖出用水洗叶面上的灰尘和根，剪去老烂的根，只留须根，移至水培容器中，植株保持直立状态，固定根系的同时注意保持根系的完整性。再将水培好的吊兰放在室内或阴凉处，接受适度光照。

刚开始水培需要 7 天左右换一次水，根不能全部浸入水中，留 1/4 左右的根部在水面上，这样更利于根呼吸。

❶ 选健康吊兰脱盆。

❷ 清洗叶面上的灰尘和根。

❸ 修剪老烂的根部，只留须根。

❹ 精心水培养护。

水培修剪

吊兰对生长环境要求不高，但出现叶黄要及时修剪。在给植株换水时要将老叶、老根剪掉，并将根部黏液洗净干净。

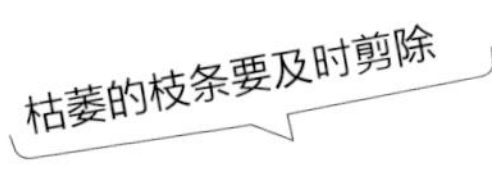

装饰摆放

居室内摆上一盆吊兰，可将室内的一氧化碳、二氧化碳、二氧化硫、氮氧化物等有害气体吸收干净，起到净化空气的作用。

网纹草

理性、睿智

产地：热带

又名：费通草、银网草

养护难度：★☆☆☆☆

形态特征

网纹草为爵床科网纹草属植物。植株低矮，呈匍匐状。茎节易生根。叶对生，卵圆形，叶色淡雅，纹理匀称，叶脉纵横交替，形成网状。顶生穗状花序，花为黄色。

环境控制

网纹草的生长适宜温度为 18 ~ 24℃，需要明亮的散射光。因其叶片薄而娇嫩，不能直接接受强烈的阳光，夏季需要采取遮光措施，冬季需要充足阳光照射，但正午时稍遮阳保护，雨雪天则应增加辅助光。春秋季阳光不强烈，可以直接接受阳光照射。

水培秘诀

水培初期的网纹草需要每 2~3 天换一次水，生出新根后每 2 周换一次水，具体换水要视温度与季节情况，冬季可延长，春夏可缩短。两次换水之间要及时补水。空气干燥时，得给植株喷水。

不同颜色的网纹草

水培过程图

网纹草水培取材的方法是洗根法。选取健康的植株脱盆，洗净根上的泥土，用高锰酸钾溶液浸泡半天后用清水冲洗，将植株置于水中。水培初期，每 2~3 天换一次水，3~5 周后逐渐长出新的水生根时需要加入观叶植物营养液进行养护，每 2 周换一次水。

① 将健康的网纹草从旧盆中取出。

② 用木棍弄掉外层泥土。

③ 用清水冲刷掉根系。

④ 高锰酸钾溶液里浸泡。

⑤ 精心水培养护。

水培修剪

在水培前将老叶老根残根剪除。日常换水时清洗根部黏液。

装饰摆放

摆放于宾馆、商厦、机场的休息室、橱窗、大厅。也可作为家庭点缀，摆放于书桌、茶几或窗台等处。

Tips

网纹草对温度非常敏感，低于 12℃会停止生长，且部分叶片脱落，低于 8℃易受伤，可能死亡。

冷水花

爱的别离

产地：中国、日本、越南

又名：透明草、白雪草

养护难度：★☆☆☆☆

形态特征

冷水花为荨麻科多年生草本植物。枝茎较短，表面附有短柔毛。叶片形状因植物种类而不同，但是大致呈卵形或卵状披针形，先端逐渐变尖；叶片为深绿色，泛有光泽。冷水花花序是聚伞花序，花朵形状为卵状长圆形，花期较短。

环境控制

冷水花抗逆性强，喜欢阴湿的环境，生长的最佳温度为 15~25℃。有一定的抗旱能力，冬季保证养护温度不低于 8℃即可正常生长。

耐阴是冷水花的一大特性，比较适合散射光照，喜欢在通风的环境中生长。强光照射可能导致枝叶枯萎，植株死亡。

水培秘诀

冷水花在水培生长初期 4~5 天换一次水。换水时要对根部进行消毒处理，同时适当修剪根系。一定要保持冷水花根部在水中的位置不要太深。冷水花喜欢空气湿度较大的环境，夏季要适当喷雾保湿，建议每天喷雾一次。

冷水花花器可以用粗麻绳缠绕点缀

皱叶冷水花

水培过程图

水培冷水花一般用洗根法。直接将盆栽的生长健壮的冷水花植株用洗根法清洗根部，再将根部洗净，剪掉腐烂和过长的根系部分，在水培器皿中加入清水，浸泡根部 1/3~1/2。冷水花抗逆性强，可以添加一些固体基质来固定植株，以增加植株的稳定性，还能增加观赏性。

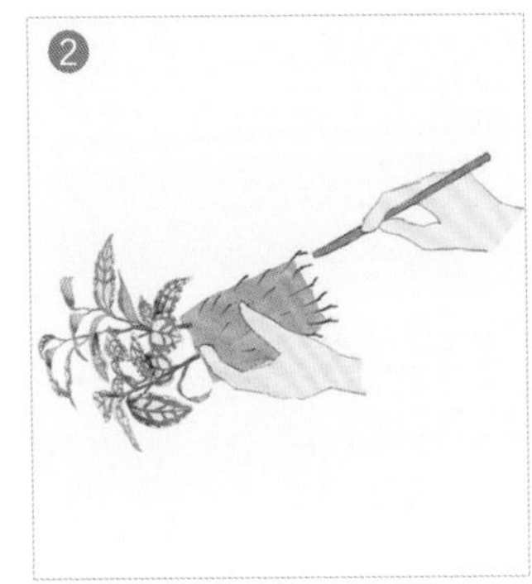

❶ 选健康的冷水花脱盆。

❷ 用木棍弄掉外层泥土。

❸ 用清水冲刷掉根系泥土。

❹ 修剪腐烂和过长的根系。

❺ 夏季适当向叶片洒水。

水培修剪

冷水花的修剪一般在春季进行，将植株过密和枯黄枝叶剪除，防止养分流失和徒长枝的生长。

装饰摆放

冷水花比较适合摆在室内散射光照射的地方，如卧室、客厅。夏季应放在阴凉通风处，并避免阳光直射。冬季要给予少量光照。

常春藤

忠实、情感、友谊

产地：亚洲、欧洲及美洲北部
又名：土鼓藤、枫荷梨滕
养护难度：★☆☆☆☆

形态特征

常春藤为五加科多年生常绿灌木。常春藤有旺盛的生命力，如壁虎一般攀爬延伸开来，每到春末夏初都会看到这种株形优美、规整翠绿的观叶植物。常春藤枝蔓长 3~20 厘米，细弱而柔软，能攀援在其他物体上。营养枝上的叶呈三角状卵形，叶互生有鳞片，全缘（叶缘平整）或三浅裂。总状花序，淡黄白色或淡绿白色的球形小花。核果球形。

环境控制

常春藤最适合在温暖半阴的地方养护，夏季一般要采取通风遮光降温的措施。最佳生长温度为 20~25℃，冬季最好保持在 10℃以上，不能低于 5℃，否则不能安全越冬。

常春藤属阴性藤本植物，在全光照的环境中也能生存，但最宜放室内光线明亮处培养。春秋两季，各选一段时间置于室外阴凉处，给予适当的光照，可增加其生机，但不可以置于强光能够直射的地方。

水培秘诀

开始水培常春藤时，每 1~2 天换一次水，新根长出后并开始旺盛时，加入营养液。盛夏改用清水，水可以选择纯净水或自来水。如果水温低于室内温度，要将自来水放置一段时间再用，以保持根系温度平稳。两次换水之间水位低了要及时补水。叶片干燥时要适时喷雾。

水培常春藤有发达的根系

水培常春藤可以悬挂栽种

水培过程图

常春藤水培取材采用枝条水插，最好在春秋两季进行。选取半木质化的枝蔓，剪下并去除基部叶片，用高锰酸钾溶液消毒基部，然后插入清水中，用陶粒固定，最后在最上层附上白色石子装饰。常春藤有长气生根的特征，很快就适应水培环境了。

1. 选取健康常春藤的半木质化枝蔓。
2. 剪去基部叶片。
3. 高锰酸钾浸泡基部。
4. 精心水培养护。

Tips

水插开始的时间要保证水质干净，最好每1~2 天换一次清水。2~3 周后，常春藤的生长态势旺盛起来，要向水中加入营养液，放置到光线明亮的地方养护。

水培修剪

水培常春藤可以根据自己的喜好，对枝蔓进行修剪。当枝蔓长到一定长度时要注意及时摘心（去除主枝），促其多分枝，使株形丰满。

装饰摆放

常春藤属于室内大型花木，放置在宽阔的客厅、书房或起居室，显得格调高雅。

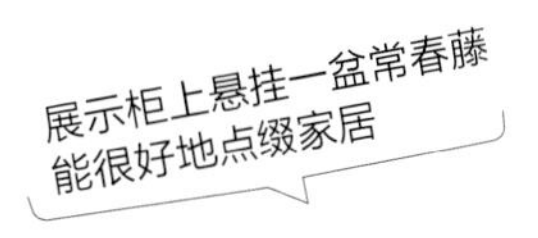

万年青

四季常青、健康、长寿

产地：中国、日本
又名：冬不凋、千年蓝
养护难度：★☆☆☆☆

形态特征

万年青属于天南星科植物。株高 40~70 厘米，茎直立不分枝，有明显的茎节。叶片厚实，呈卵状披针形或长椭圆形。5 月开白而略带绿色的小花。秋季结圆球形的果实，有毒。

环境控制

万年青生长最佳温度为 20 ~ 28℃，冬季不耐寒，需要至少保持在 8℃。夏季必须避免强光直射，要遮光；冬季则避免光照不足，放置于光线明亮处，以防出现黄叶。

水培秘诀

春秋季是万年青生长旺盛期，消耗的氧气较多，需要 7 ~ 10 天换一次水；冬季处于休眠或生长缓慢期，耗氧量少，15 天换一次水即可；夏季高温，呼吸快耗氧量增多，4 ~ 5 天就得换一次水。

水培万年青

万年青不同的叶色

水培过程图

水培万年青通常用洗根法，四季都能进行，但以春秋最佳。选择生长健壮的土培万年青，将植株从土盆中取出，剔除根系泥土。再把根部泥土用水冲洗干净，剪除部分老根。为防水培初期根系腐烂，可用高锰酸钾浸泡消毒，以促进新根生成。把处理好的植株放入定植篮中，根系穿过定植篮到下层水面中，上层用陶粒固定，注入没过 1/2 ~ 2/3 根系的自来水，培养新根。

1 从旧盆中将万年青取出。

2 剔除根系泥土。

3 冲洗万年青的根系。

4 剪除部分老根。

5 高锰酸钾浸泡。

6 倒入清水水培养护。

水培修剪

修剪时只剪除那些多余的、老化的、腐烂的根系，不要伤及白嫩的水生根。

装饰摆放

万年青生命力极强，而且四季苍翠，是极具观赏性、洁净性的室内观叶植物。适合置于宾馆、办公室、家庭的任何房间。

Tips

万年青以独特的净化空气能力著称，可以去除甲醛等有害气体，并且室内污染气体浓度越高，越能发挥万年青净化空气的作用。

富贵竹

花开富贵、竹报平安

产地：非洲、亚洲
又名：开运竹、万寿竹
养护难度：★☆☆☆☆

形态特征

富贵竹属于天门冬科植物。株高可达 1.5~2.5 米，作为观赏盆栽一般以 0.8 ~ 1.0 米最好。茎叶非常肥厚，茎节貌似竹节却非竹，是辨别富贵竹最好的方法。

环境控制

富贵竹适合高温遮光的环境，对光照要求不严，适宜在明亮散射光下生长，夏季要避免阳光暴晒。富贵竹生长最佳温度为 16~26℃，同时还要注意冬天不要将富贵竹放在阳台、窗户边等较冷的地方。

水培秘诀

富贵竹与其他水培植物有很大不同，其中不同之一就在不需要经常换水。富贵竹生根后几乎不再需要换水，直接往容器里加水就可以了。但是发现容器中的水有异味，要及时换水。夏天天气干燥闷热时往叶面上喷水；冬季要减少喷水；其他生长季节每隔 2~3 天喷水一次。

水培时适当加鹅卵石铺底更具观赏性

造型多变的富贵竹

水培过程图

水培富贵竹用水插法比较普遍，因为水插法最简单、有效。选择健康的富贵竹，在根部用消过毒的剪刀倾斜切去一小部分，切口要平滑，不平滑不利于富贵竹吸水，用剪刀或直接用手去掉基部的叶片，这样插入瓶中不影响其他叶片的生长。开始水培，加水的水位在容器的 1/3 处就可以了。

❶ 选取健康的富贵竹。

❷ 剪刀倾斜切去一小部分。

❸ 水位在容器的 1/3 处。

❹ 精心水培养护。

Tips

在富贵竹生根前，需要每 3 天换水一次，等到生根后就不再需要这么频繁换水了，直接往水培容器里加水就可以。夏天，天气干燥闷热时要经常对叶片喷雾，增加周围小环境的湿度。

水培修剪

富贵竹虽然不需要时常、定期的修剪，但出现枯叶、烂根时要及时剪除。

装饰摆放

富贵竹典雅别致，青翠碧绿，观赏价值高，在家中随处摆放即可，但不要放置在电风扇和空调吹到的地方。

龟背竹

健康长寿

产地：墨西哥
又名：龟背芋、蓬莱蕉
养护难度：★☆☆☆☆

形态特征

龟背竹属于南天星科多年生木本植物。茎干上的气根形如电线。叶互生，厚革质，呈卵圆形，羽状的叶脉间散布着龟甲形的长圆形孔洞和深裂，形似龟甲图案。肉穗花序，整个花形好像“台灯”，有灯罩，有灯泡，花为淡黄色。

环境控制

龟背竹适应性强，温暖潮湿、干旱阴凉的环境能保持很旺盛的生长势头。最适宜生长的温度为15~25℃，温度达到 32℃时停止生长。夏秋季气温干燥炎热，应放置于阴凉通风处，同时给叶面多喷水，以保持空气湿度。冬季室内越冬温度不能低于 5℃，否则可能冻伤。

水培秘诀

开始水培龟背竹需 7 天换水一次，等根部长出水生根，且长势稳定后，根据季节温度不同换水频率不同，夏季 1~2 天换一次水，冬季 5~7 天换一次水，两次换水间适当补水。夏季每天应给叶面喷雾和淋水，冬季叶面不能喷水，否则会出现黑色斑点。

水培龟背竹

水培过程图

水培龟背竹的取材可采用洗根法。选用较小型的土培植株脱盆，洗净根部泥土，尽量不要伤到根。将须根全部剪掉，只留中间的主根，将根放置于稀薄的高锰酸钾溶液里浸泡 10 分钟左右，取出后用清水冲洗，将定植篮下端剪出小洞，再将根系放到定植篮中，在定植篮中用陶粒固定根系，精心水培养护即可。

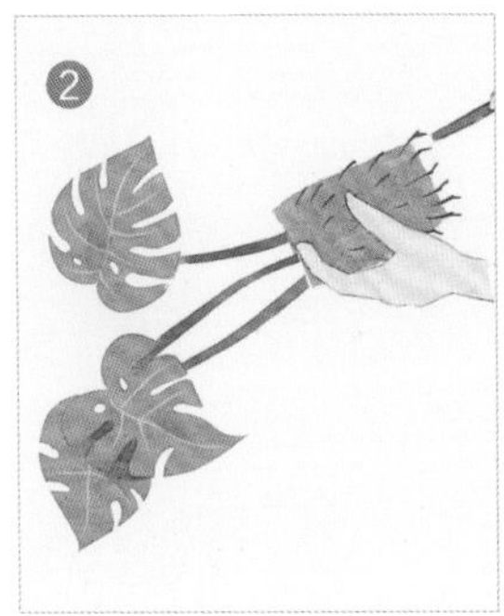

❶ 将健康的龟背竹从旧盆中取出。

❷ 用木棍弄掉外层泥土。

❸ 用清水冲刷掉根系。

❹ 剪除多余须根。

❺ 放在高锰酸钾溶液里浸泡。

❻ 精心水培养护。

水培修剪

如果茎节叶片生长过于稠密、枝蔓生长过长，可修剪整株。欲使茎蔓迅速长高，适度修剪下部老叶。

装饰摆放

龟背竹可种于廊架或建筑物旁，让龟背竹蔓生于棚架或贴生于墙壁，成为极好的垂直绿化风景。

榕树

友善可亲

产地：亚洲热带

又名：细叶榕

养护难度：★☆☆☆☆

形态特征

榕树属于桑科木本植物，以树形奇特，枝叶繁茂著称。枝条由树的主干向外平展或向上斜伸，分枝较多。榕树叶片为卵形，互生，先端较尖，叶柄较长。开花后结浆果。

环境控制

想要榕树健康成长，保持养护环境通风、透光和适宜的湿度很重要。榕树的生长适宜温度为5~30℃，夏季温度高于 32℃需要适当遮光，越冬温度不能低于 5℃。榕树喜光喜温暖潮湿，尤以散射光为佳。

水培秘诀

榕树水培初始每天换水一次，开始水培时水位不要过高，等生出新的水生根后，水位更要下降。长出水生根以后原则上春秋季每 5~10 天换一次水，夏季每 3~5 天换一次水，冬季每 10~15 天换一次水。生长期和高温期要经常补水，并向叶面喷水，以保持湿润。

水培榕树初始水位

造型各异的榕树盆景

水培过程图

榕树水培一般是将“土生根”诱变成“水生根”。首先取一株主干直、旁枝多而且均匀的小叶榕去盆土，清洗整棵树根，将腐烂的根、生命力细弱的根剪除，放入定植的水溶液中，根须露出水面的 1/3~1/2。水培初始的 10~15 天，要保证植株处于 25℃以上的通风阴凉环境，每天更换一次水。当嫩白的新根须生长出之后，可根据温湿度换水。

1. 选出健康的榕树脱盆。
2. 用木棍弄掉外层泥土。
3. 用清水将根系冲干净。
4. 剪去病根、烂根生命力细弱的根。
5. 用定植篮固定根系，并精心养护。

水培修剪

水培榕树在开始要将腐根、细弱老叶剪除，还要将过于密集的枝条剪去。整形的大剪裁以一年一次为宜，长势壮旺时可动剪两次。

装饰摆放

榕树的树形奇特，枝叶茂盛，树冠秀美，气根裸露，是妙趣横生的观景植物，宜摆放于办公室、客厅、书房等处。

凤梨花

吉祥、好运、鸿运当头

产地：南美洲
又名：观赏凤梨 菠萝花
养护难度：★☆☆☆☆

形态特征

凤梨花属于凤梨科多年生草本植物，株型短小。叶莲座状，带状外曲，叶色呈深绿色。临近花期时，中心部分的叶片会变成光亮的深红色、粉色。

环境控制

凤梨花适合在温暖湿润的环境中养护，光照也要充足。夏季，不要将凤梨花放在阳光下暴晒，适当遮光能让凤梨花茁壮成长。春秋季，是凤梨花的生长期，此时要及时补水。冬季，凤梨花进入冬眠期，不需要补水，待来年开春再补水。

水培秘诀

凤梨花水培成功与否，水质是非常重要的因素。一般来说，水质的含盐量越低越好，自来水、井水中含盐量较高，在使用前可以沉淀后再使用。

水培初期，凤梨花需每 2~3 天换一次水，后期则每 2 周换一次水并根据温度与季节视情况做相应调节，夏季缩短换水时间，冬季延长换水时间。两次换水间要及时补水。高温时，要给叶片和周围环境喷水，以降低温度来维持植株生长。

水培凤梨花

莺歌凤梨

水培过程图

水培凤梨花直接在土培植株中取材，用洗根法。选取健康的植株脱盆，洗干净植株根系，凤梨花的根系较难清洗，可以用水泡上 1 天，再冲洗附着的泥土。修剪过长、腐烂的根系。将根系放到定植篮中，在定植篮中用陶粒固定，再用两根粗棉线穿过定植篮延伸到下层水面中。

① 从旧盆中将凤梨花取出。

② 用木棍弄掉外层泥土。

③ 将根系冲干净。

④ 修剪过多和腐烂的根系。

⑤ 准备好花器。

⑥ 精心水培养护。

水培修剪

凤梨花叶片的寿命较短，一般 1 年后叶片就枯萎，但会不断生长出新叶。所以，要及时将枯萎的老叶剪去，以免影响观赏性。

装饰摆放

凤梨花色彩亮丽，是案头摆设的佳品。适宜做桌面、窗台等处的观赏装饰，也可作为吊挂植物置于书架、假山石上。

香龙血树

坚强、完美

产地：非洲西部
又名：巴西铁
养护难度：★☆☆☆☆

形态特征

香龙血树属于百合科常绿木本植物。高度在 3~6 米，而用于家庭盆栽的香龙血树高度在 0.5 ~ 1.5 米，粗壮的枝干不分枝。在枝干上端生长的叶片如同利剑一般，挺拔而有气势，叶片是绿色的，而叶缘深绿色。

环境控制

香龙血树适合在温暖高湿和阳光照射的环境中生长。夏季温度保持在 20~28℃，冬季最佳温度保持在 6~8℃能成功越冬。

水培秘诀

香龙血树在水培期间一定要保持水质清洁，每周换 2~3 次水才能让香龙血树成功生长。在两次换水时要适当加水，加水的水位不要超过根系的 1/2 就好。

水培香龙血树

香龙血树开花

水培过程图

香龙血树水培常用诱导发根法。截取长约 10 ~15 厘米（长度可自行控制）的香龙血树，保留上部叶片，去除下部叶片，截取的香龙血树要先晾 3 天。3 天后再将下端的 1/3 插入水中，水中加少量的多菌灵水溶液消毒，刚开始水培需要每 3~5 天换一次水，温度要保持在 20~28℃，光线明亮的散射光处是香龙血树水培初期最需要的环境。

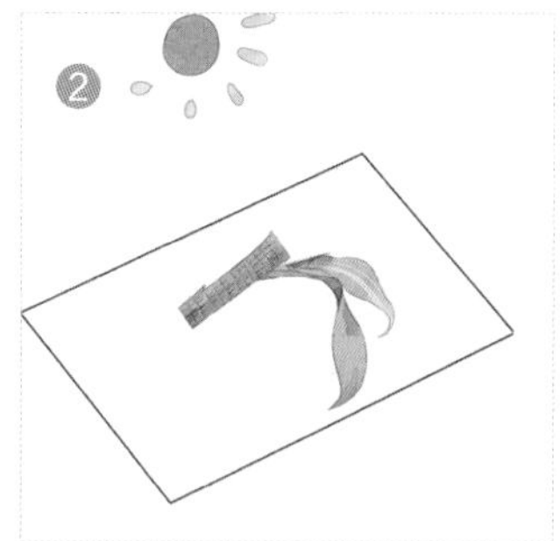

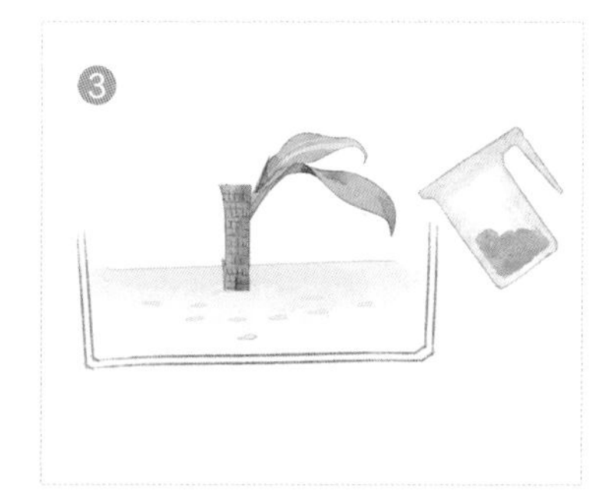

1. 截取香龙血树，除去基部叶片。
2. 晾晒 3 天。
3. 浸泡在清水中，并在水中加多菌灵。
4. 精心水培养护。

水培修剪

香龙血树一般情况下不需要修剪，但是在水培的初期要将老化、腐烂的根除掉。

装饰摆放

香龙血树叶片挺拔如剑，观赏性十足，又拥有不可忽视的净化空气的能力，无论是放置在客厅、书房、起居室都是很不错的选择。

Tips

香龙血树能够吸收二甲苯、甲苯、三氯乙烯、苯和甲醛等，是室内空气净化器。

绿萝

守望幸福

产地：所罗门群岛
又名：魔鬼藤、黄金葛
养护难度：★★☆☆☆

形态特征

绿萝为天南星科常绿植物。作为一种观赏价值很高的植物，绿萝有很强的生命力。只要水分适宜，分枝能力就很强，而且攀爬生长，十分美观。绿萝叶片很有特色，翠绿色的叶片上或有或无不规则黄色斑点。

环境控制

绿萝喜好比较湿热的环境，最适宜绿萝生长的温度是 20~30℃。绿萝耐寒能力弱，低于 10℃生长停滞，因此冬天应将绿萝移至室内养护，保证室温不低于 15℃植株就能安全越冬。

绿萝喜好阴凉的环境，几乎不能承受阳光暴晒。夏天要将其放在阳光无法直射到的地方，并适时向叶片喷雾保湿。

水培秘诀

水培绿萝需要防止高温。在冬季，4~5 天换一次水即可。夏季每天要向叶面喷雾 3~4 次帮助植株降温，以保持空气湿度，增强植株的生长势。

水培绿萝

水培绿萝可以用青石铺垫

水培过程图

剪取生长良好的一年生枝茎直接浸泡在清水中水培就可以了。也可以将土培的绿萝提前浇透水，去除根系周围的泥土，将根系冲洗干净，再将根系放到定植篮中，在定植篮中用陶粒固定根系，同时加入少量多菌灵杀菌。

① 将健康的绿萝从旧盆中取出。

② 用木棍弄掉外层泥土。

③ 用清水将根系冲干净。

④ 修剪植物根部。

⑤ 将根系放到定植篮中，用陶粒固定根系，加入少量多菌灵防毒杀菌。

水培修剪

日常多修剪植株的枝叶。攀爬型的植株可以通过修剪改变植株的走向，修剪多余的枝叶也可以使植株的通透性更好，看上去也更为简洁。

装饰摆放

绿萝适合摆放在家中光线稍微明亮，有良好通风的地点，但是一定要注意避免阳光直射。夏季应摆放在较为阴凉，有一定空气湿度的环境中。冬季注意保温和进行散光照射。

铁线蕨

雅致、少女的娇柔

产地：中国
又名：铁丝草、铁线草
养护难度：★★☆☆☆

形态特征

铁线蕨属于铁线蕨科多年生草本植物，植物枝条长 10~60 厘米。因为他的茎干细长且颜色似铁丝，所以取名铁线蕨。叶片上叶脉很多，且分枝很多，叶片是卵状三角形，细细长长很受人们喜爱。

环境控制

铁线蕨生长适温在 13 ~ 22℃，冬季温度在 5℃以上叶片仍能保持鲜绿，但低于 5℃时叶片则会出现冻伤。

夏季和初秋应该给铁线蕨进行遮光，避免阳光直射使植株叶面灼伤，并配合喷雾增加空气湿度。其他季节建议让铁线蕨接受柔和的光照，干燥时适当喷雾。

水培秘诀

铁线蕨在水培初期要勤换水，一般 3~5 天就要换水一次。天气炎热时也需要及时补充水分。在水培成活后就可以 7 天换一次水了。

选择铁线蕨的水培容器是一件比较简单的事情。铁线蕨一般簇拥生长，可以选择瓶口大、容量大的玻璃瓶来水培。这种容器在花卉市场上非常常见。

水培铁线蕨需要经常补水

悬挂生长的铁线蕨及其叶片细节

水培过程图

水培铁线蕨选最常见的洗根法，将生长良好的土培铁线蕨从旧盆中轻轻取出，用木棍抖落外层泥土后，用清水清洗干净根系，晾干，进行水培。在圆形花瓶下先铺一层陶粒，再轻轻将铁线蕨根系放到瓶中，继续放陶粒直至根系固定住。完成以上步骤后在器皿中倒入清水了。

1. 从旧盆中将铁线蕨取出。
2. 用木棍弄掉外层泥土。
3. 用清水将根系冲干净。
4. 铺一层陶粒。
5. 放入铁线蕨。
6. 再放陶粒巩固根系，加清水即可。

水培修剪

铁线蕨很好养，平时不需要定期的修剪，只要随手将枯萎的枝条剪除就可以了，根系在换水要适当修剪。

装饰摆放

铁线蕨淡绿色薄质叶片搭配着乌黑光亮的叶柄，显得格外优雅飘逸，适合室内摆放。

铜钱草

坚强包容，财源滚滚

产地：中国

又名：镜面草

养护难度：★★☆☆☆

形态特征

铜钱草属于伞形科天胡荽属草本植物。叶片呈圆形似铜钱状，叶缘为钝波浪缘，有长柄，叶柄托在叶面中心。由于植株的根系横向蔓延生长能力强，蔓延能力极强，极易管理。

环境控制

铜钱草的生长最适温度是 22~28℃，夏季要采取遮阳处理，并适当增加喷雾次数。耐寒能力一般，冬季需要移至室内养护，最好室内温度保持 18℃以上。

铜钱草抗逆性强，但要注意养护环境，只要通风良好，光照合理，就可以保持良好的长势。

水培秘诀

开春属于铜钱草的生长期，此时对水分需求较大，每天都要关注水量，及时加水。夏日温度高，水分蒸发量大，每天都需要加水，否则会导致植物脱水，影响发育。

铜钱草枝茎柔软，适合选用带有定植支架的圆形玻璃容器或者用好看的鹅卵石进行水培。

铜钱草水位

铜钱草可以用石器栽种，并用鹅卵石铺垫

水培过程图

水培铜钱草要选取植株中长势较好的，去掉植株根部泥土后即可直接放入水中进行水培，基部入水 3~5 厘米就可以了。

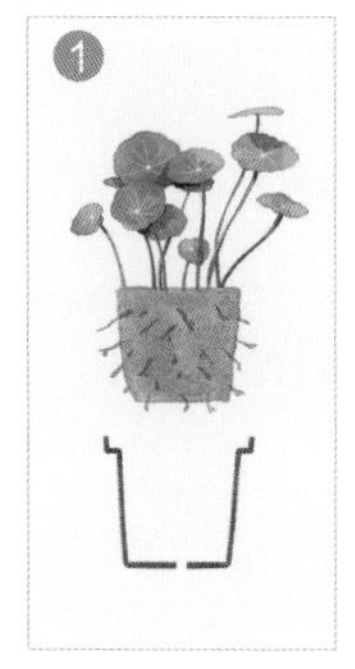
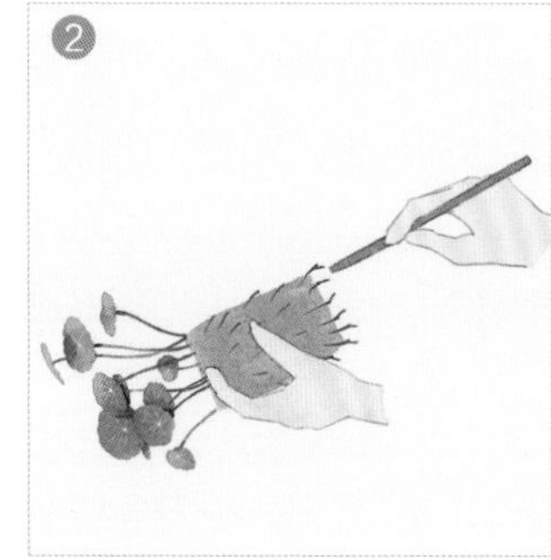

❶ 选出健康的铜钱草脱盆。

❷ 用木棍弄掉外层泥土。

❸ 用清水冲洗掉根系的泥土。

❹ 准备好花器。

❺ 用鹅卵石固定根系，精心水培养护。

水培修剪

铜钱草在生长过程中一般不需要修剪，必要时将过长枝叶剪除，防止养分流失和徒长枝叶，同时也避免植株长得杂乱无章。

装饰摆放

铜钱草叶片形似铜钱，娇小的形态让它看起来额外玲珑可爱，适合摆放在书桌、客厅的茶桌等视线聚集区。

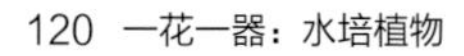

芦荟

洁身自爱，不受干扰

产地：地中海、非洲
又名：象胆
养护难度：★★☆☆☆

形态特征

芦荟为百合科芦荟属多肉植物。茎部十分短。叶占据了芦荟的主要部分，十分肥厚，整体呈条形，15~35 厘米长，边缘锯齿状。花葶高度在 60~90 厘米，基本没有分枝。苞片淡黄，偶尔点缀红斑，排列较为稀疏。

环境控制

相对于其他植物，芦荟适应环境能力较强，对生存环境的要求并不高。白天保持 20~30℃的温度对芦荟的生长最有利。但 5℃以下的温度会导致芦荟死亡。

水培秘诀

芦荟的叶片为肉质叶，其蓄水能力强，离水后还可以存活数月，具有优秀的抗旱能力。在生长期间，补水过多可能导致芦荟根部腐烂。

水培芦荟根系发达

芦荟开花

水培过程图

水培芦荟较为简单，只要挑选出具有完整根系的植株，洗干净后固定在培养容器中即可。水培时，一般是根部大约留 1/3 在水的外面，约 30 天新根长出。

❶ 选健康的芦荟脱盆。

❷ 用木棍弄掉外层泥土。

❸ 用清水将根系冲干净。

❹ 精心水培养护。

水培修剪

芦荟的适应力非常强，在修剪时切除影响美观的部分即可。

装饰摆放

在夏季，芦荟具有短暂的休眠期，将其置放在半阴、通风的地方即可。冬季要注意保温，适合摆放在室内向阳的地方。

Tips

芦荟可以很好地吸收空气中的甲醛、一氧化碳、过氧化氮、苯乙烯、二氧化硫等有害物质，还集中了食用、药用、美容等多种功效。

芦荟经过一段时间的成长，植株可能会较大，选择稳定性较好的容器是明智的选择。

罗汉松

安康吉祥

产地：中国、日本
又名：江南柏、土杉
养护难度：★★☆☆☆

形态特征

罗汉松属于罗汉松科植物。雌雄异株或偶有同株。树皮为灰褐色，有鳞片状裂纹。主干直立，小枝平展，生得密集。叶条状披针形，呈螺旋状互生。种子核果状，呈广卵形或球形，熟时呈紫红色，有白粉。

环境控制

罗汉松适合半阴、通风的环境，生长适宜温度为 15~28℃。罗汉松抗寒能力比较强，夏季要遮光，冬季室温保持在 1~10℃可安全越冬。

水培秘诀

罗汉松水培时，温度与季节不同，换水频率不同，春秋季每 7~10 天换一次水，夏季每 5~7 天换一次水，冬季每 15~20 天换一次水。两次换水之间可适当添加清水。空气干燥时要向叶片喷雾。

水培罗汉松

罗汉松的果实

水培过程图

罗汉松水培取材于土培盆栽，取材方法是洗根法。选择健康的植株脱盆，洗去根部泥土，剪除多余的根须，用多菌灵水溶液浸泡消毒，将植株放入水培容器中，用鹅卵石固定根系，水位保持在根茎 1/3~1/2 处，诱导水生根系生长。这时需要放置在阴凉的地方。

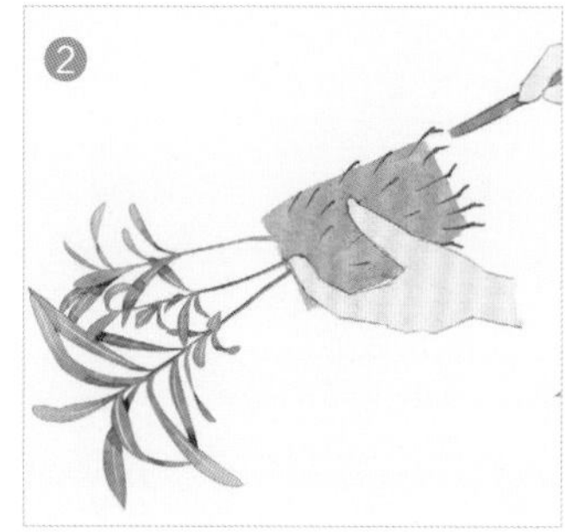

① 选取健康的罗汉松脱盆。

② 用木棍弄掉外层泥土。

③ 用清水冲刷根系。

④ 多菌灵水溶液里浸泡。

⑤ 上盆水培，可用鹅卵石固定根系。

水培修剪

换水时清洗植物的根部及容器，及时修剪枯枝败叶及烂根。

装饰摆放

罗汉松虽然耐阴，也要经常放在窗台下接受必要的光照，但不可直接暴晒。

龙舌兰

为爱奋不顾身

产地：墨西哥
又名：剑麻、番麻
养护难度：★★★☆☆

形态特征

龙舌兰属于龙舌兰科多年生大型草本植物，四季常绿。龙舌兰的叶子，像莲花座一样整齐排列，通常有 30~40 枚。叶子形状为长条形，叶片肉质，叶子边缘长有疏刺，顶端有暗褐色尖刺。大部分情况下龙舌兰一生只开一次花，花为黄绿色，开花耗尽龙舌兰所有的养分，导致龙舌兰衰败死亡。

环境控制

龙舌兰适宜温暖的生长环境，寒冷的环境也具有一定适应性，最佳温度为 15~25℃。在冬天寒冷的条件下，只要有充足的阳光，龙舌兰可以保持不错的长势。当温低于 -5℃时，叶片可能会受到轻微的冻伤，当气温低至 -13℃后，龙舌兰地上的部分会腐烂。但只要地下根茎不死，来年仍然可以保持良好的长势。通常情况下，只有保持充足光照，龙舌兰能安全过冬。

水培秘诀

龙舌兰叶片肉质，蓄水能力强，对换水频率没有太强要求。但在水培初期需要 2~3 天换一次清水，以确保生长过程中得到充分养分供应。冬季休眠期时，如果水分供应过多，则可能导致根部腐烂。

在选择容器上，比较敦实的玻璃容器适合水培龙舌兰。

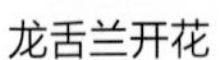

龙舌兰开花

水培过程图

水培龙舌兰，一般在春秋季节选取长势良好的植株幼苗进行脱盆处理。将根系洗净后放入容器，然后用陶粒固定底层根系，再铺上白石子装饰，最后注水。清水大概淹没根系的 1/2 就可以了。7~9 天后，水系根系可诱导长出。

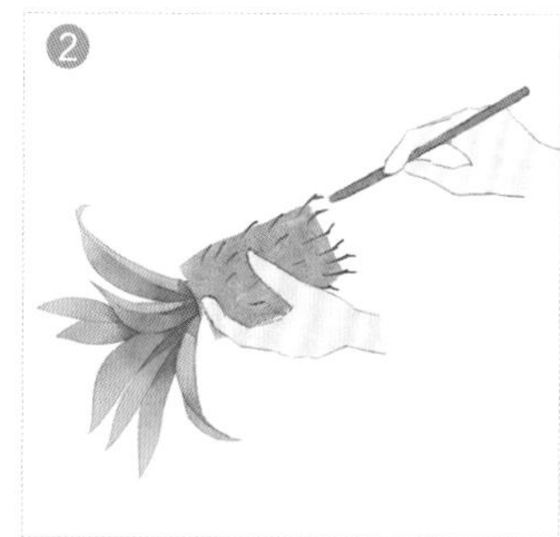

1. 选出健康的龙舌兰脱盆。
2. 用木棍弄掉外层泥土。
3. 用清水冲洗根系。
4. 修剪根系中的烂根、过长根和叶片中烂掉的部分。
5. 精心水培养护。

水培修剪

修剪龙舌兰，主要是将外层的老叶、黄叶修剪掉。将需要被修剪的叶子剪断或者从基部直接掰下即可。

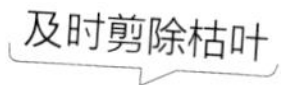

装饰摆放

根据龙舌兰的习性摆放在室内或阳台等阳光照射充足，通风条件良好的位置。

虎尾兰

坚定、刚毅

产地：非洲热带、印度
又名：虎皮兰、千岁兰
养护难度：★★★☆☆

形态特征

虎尾兰是百合科虎尾兰属的多年生植物，观赏价值高，对环境的适应能力强。生活中常见的虎尾兰作为一种观叶植物，具有横走的根状茎。一般一株虎尾兰为 1~2 片叶，也有 3~6 片叶相拥直立的，叶片扁平直立，给人一种努力向上的感觉，叶片的形状为长条状披针形，叶表面有浅绿色和深绿色相间的横向斑纹。

环境控制

虎尾兰最适宜生长的温度为 18~23℃，喜欢温暖的生长环境。当周围温度低于 13℃时，虎尾兰就停止生长。冬季需要将虎尾兰移至室内，保持室温在 10℃以上，如果温度过低，可能会导致基部腐烂，甚至死亡。

虎尾兰对阳光没有什么特别强烈的要求，只要光照相对充足即可。充足的光照有利于虎尾兰的生长，但夏季要注意避免阳光直射。

水培秘诀

水培虎尾兰要常保持周围环境湿润，春季是虎尾兰生长期，要多加水，每 5~10 天换一次水，夏季每 5 天换一次水，冬季每 10~15 天换一次水。每次换水时，用清水冲洗虎尾兰根部，并清洗器皿，顺便修剪枯叶。

水培虎尾兰

金边虎尾兰

水培过程图

要想将虎尾兰水培起来，首先要选取长势较好的植株，脱盆后用木棍抖落外层泥土，再用清水将根系清洗干净，用消过毒的剪刀修剪过长的根系，再用定植杯固定在容器里进行水培。放到定植杯上后要加营养液，浸泡根部的一半就可以了。

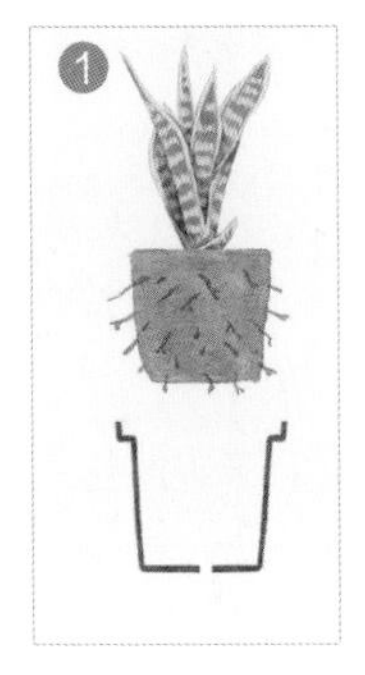

1. 脱盆是直接将虎尾兰取出。
2. 用木棍弄掉外层的泥土。
3. 用清水冲洗掉根系。
4. 修剪根系中的烂根、过长根和叶片中烂掉的部分。
5. 精心水培养护。

水培修剪

水培虎尾兰，除了换水时修剪腐烂的根系外，还需要对叶片定时修剪，修剪虎尾兰主要是将烂掉的叶子从底部剪掉，清理干净切口即可。

装饰摆放

摆放在室内通风条件好，面向阳光的位置，如朝南的窗台或有阳光的电视柜旁边。夏季要注意避免阳光直射，但是也要有光照，否则叶片颜色会变黯淡，影响观赏性。

袖珍椰子

生命力

产地：墨西哥、危地马拉
又名：袖珍棕、袖珍葵
养护难度：★★★☆☆

形态特征

袖珍椰子属于棕榈科袖珍椰子属植物。株形小巧玲珑，幼株高约 20~30 厘米，也能长到 1 米。茎干细长直立，不分枝，有不规则环纹。叶片由茎顶部生出，羽状复叶，平展开如伞形。

环境控制

袖珍椰子的最适宜的生长温度是 20~30℃，夏季超过 35℃要适当采取遮阳的措施，也可适当向叶片喷水，冬季室内温度在 12~14℃，最低越冬温度不低于 5℃。

袖珍椰子不能承受强光直射，很短时间的暴晒都会使叶片焦枯。

水培秘诀

水培袖珍椰子时每 7~10 天换一次水。袖珍椰子吸水力较强，水位下降了要及时补水。每天向叶子多次喷水，以增加空气湿度。

水培袖珍椰子

光照、温度对于水培袖珍椰子很重要

水培过程图

袖珍椰子水培取材是采用洗根法。首选株高姣美的小型植株，洗去根部泥土，除去旧根，再把植株放入水培器皿中，尽量让其舒展开来，填上陶粒固定住，注入配制好的稀释营养液，达到容器的 2/3 高度即可。每 7~10 天换水一次，植株长出新白色水根后每次换水都要添加营养液。

❶ 取健康袖珍椰子脱盆。

❷ 清洗袖珍椰子根系。

❸ 准备上盆的容器。

❹ 精心水培养护。

水培修剪

袖珍椰子根系不发达，在水培环境中新根萌生迟缓，但老根坚挺，不易腐烂，一般暂不对老根系修剪，待根长满后，可切除 1/3 的老根。

装饰摆放

袖珍椰子素净典雅，美丽别致，有“书桌椰子”之美誉，是家庭案头、桌面的珍品，也可以悬吊于室内来装饰空间。

发财树

招财进宝、兴旺发达

产地：南美洲、大洋洲
又名：中美木棉、瓜栗
养护难度：★★★☆☆

形态特征

发财树为木棉科木本植物。树型高大，土培可长至 8~15 米，而家居观赏的发财树则小巧玲珑，高度在 15~30 厘米。发财树叶片呈长圆形至倒卵状长圆形，叶小具短柄或无柄，花单生，花梗粗壮，种子大，表皮暗褐色。

环境控制

环境温暖、光线明亮、通风良好的生长环境，对发财树的养护至关重要。发财树耐阴，但是对寒冷几乎没有什么抵抗力。生长适宜温度为 20~30℃，夏季高温高湿季节，对发财树的生长十分有利。冬季温度不可低于 5℃，最好保持在 18~20℃ 。

发财树在高温湿润的环境养护更有利，不能长时间处于阴处，宜置于室内阳光充足处。冬季注意做好越冬防寒、防冻管理。

水培秘诀

水培发财树，夏季每 4~5 天加水一次，冬季每 10~20 天加水一次，每间隔 3 ~ 5 天向叶片喷喷雾一次，以保持湿润。

发财树可以选用大肚子玻璃容器，以通透、好看为佳。

夏季要向植株周围喷洒水雾

水培发财树

水培过程图

水培发财树取材可采用诱导法生根。选出健康的植株去基质，清洗根部，用锋利的刀从根颈部将原有土生根全部切除，然后置于多菌灵或甲基托布津液浸泡根茎基部 10~15 分钟，再用 NAA（萘乙酸）溶液浸泡茎基部 10~30 分钟。取出晾干后，再放到定植篮中，再用两根粗棉线穿过定植篮延伸到下层水面中。最后加水。将植株置于散射光下诱发新根，约 10 天生出水生根，15 天后添加观叶植物营养液进行养护。

❶ 选健康的发财树去基质。

❷ 清洗根部。

❸ 切除根茎部。

❹ 多菌灵或甲基托布津液浸泡根茎基部。

❺ NAA 溶液浸泡茎基部。

❻ 精心水培养护。

水培修剪

水培发财树要用锋利的刀片切除所有的腐烂根部及黄叶，以诱发新根与新叶。换水时，清洗根部与容器。

装饰摆放

发财树一般摆放在住家或办公室有充足光线的地方。

合果芋

悠闲素雅、恬静怡人

产地：热带美洲
又名：白蝴蝶、箭叶
养护难度：★★★★☆

形态特征

合果芋属于天南星科草本植物。合果芋种类繁多，常见的就有十多个品种，品种不同形态亦有差异，且各具特色。叶片颜色形状也因品种不同各不相同，多呈披针形、椭圆形或心形等。

环境控制

合果芋的生长适宜温度为 22~30℃，抗逆性强。合果芋属于阴性植物，尤其不耐寒，一般温度低于 10℃会影响植株正常生长，冬季要防寒，并保持室温不低于 15℃，以保证植株安全越冬。合果芋喜欢湿度大的环境，在养护的过程中要随时关注周围空气湿度，并喷雾保湿，以促进植株的生长。

水培秘诀

合果芋喜欢湿度较大的环境，生长初期要保证水分充足，尤其是夏季，气温较高，每天都要对植株进行喷雾。

水培合果芋

水培过程图

水培合果芋方法操作简单，容易上手。首先选取生长健壮，带有一定气生根的枝条直接水插养护，一般情况下，两周内就会萌发新根。同时可以直接用盆栽的合果芋通过洗根后进行水培，合果芋的有发达的根系，水培时适当的修剪过长根系和杂根，大约 7 天就可以长出新根。

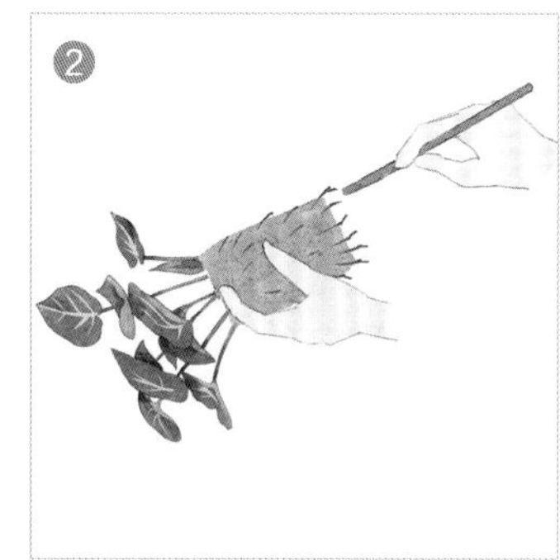

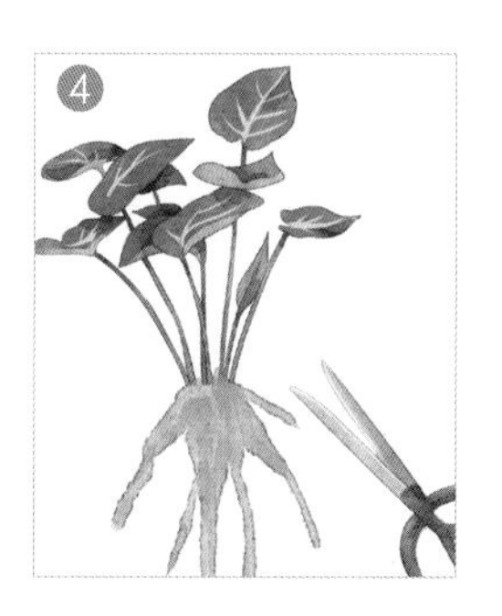

① 将健康的合果芋从旧盆中取出。

② 用木棍弄掉外层泥土。

③ 用清水冲刷掉根系泥土。

④ 修剪过长根系和杂根。

⑤ 一般在气温适宜的春季进行水培养护。

水培修剪

合果芋生长过程中一般不必过多修剪，冬季适当剪除过密枝叶和枯黄枝叶即可。

装饰摆放

合果芋喜欢高温多湿的环境，可以摆放在室内或阳台上能够得到适宜光照的地点。